KB216990

Tokyo

이창민 교수는 대표적인 도시 개발 및 도시 재생 연구자로, 한국부동산개발협회 최고경영자과정(ARP)과 차세대 디벨로퍼과정(ARPY)의 주임교수로 활동 중입니다. 30년 넘게 뉴욕, 런던, 파리 등 270여 개 도시의 개발 및 재생 사례를 면밀히 조사하며 도시 경제와 부동산 분야를 연구하고 있으며, 『스토리텔링을 통한 공간의 가치』(2020, 세종도서 교양부문 선정), 『도시의 얼굴』, 『사유하는 스위스』, 『해외인턴 어디까지 알고 있니』 등을 썼습니다. 또한 사단법인 공공협력원 재단의 원장으로서 지속가능한 지역 개발, 글로벌 인재 양성, 나눔 실천, 문화예술 발전에 기여하는 동시에 도시경제학 박사로서 유럽 도시문화공유연구소의 소장직을 맡아 세계 도시들의 문화 경제적 가치를 심도 있게 연구하고 있습니다.

hh902087@gmail.com https//travelhunter.co.kr @chang.min.lee

도시의 얼굴 – 도쿄

개정판 1쇄 발행 2024년 11월 15일

지은이 이창민
펴낸이 조정훈
펴낸곳 (주)위에스앤에스(We SNS Corp.)

진행 박지영, 백나혜
편집 상현숙
디자인 및 제작 아르떼203(안광욱, 강희구, 곽수진) (02) 323-4893

등록 제 2019-00227호(2019년 10월 18일)
주소 서울특별시 서초구 강남대로 373 위워크 강남점 11-111호
전화 (02) 777-1778
팩스 (02) 777-0131
이메일 ipcoll2014@daum.net

ISBN 979-11-978576-6-9
세트 979-11-978576-9-0

- 이미지 설명에 * 표시된 것은 위키피디아의 자료입니다.
- 소장자 및 저작권자를 확인하지 못한 이미지는 추후 정보를 확인하는 대로 적법한 절차를 밟겠습니다.
- 이 책에 대한 의견이나 잘못된 내용에 대한 수정 정보는 아래 이메일로 알려주십시오.
  E-mail: h902087@hanmail.net

도시의 얼굴

도쿄

이창민 지음

(주)위에스앤에스
We SNS Corp.

《도시의 얼굴-도쿄》를 펴내며

오늘날 해외 여행이나 출장은 인근 지역으로 떠나는 일과 다름없는 일상적인 경험이 되었습니다. 인공지능(AI), 크라우드, 빅데이터, 사물인터넷(IoT)과 같은 정보통신 기술의 급격한 발전 덕분에 우리는 온라인과 오프라인에서 세계 어느 도시든 손쉽게 만날 수 있는 시대를 살아가고 있습니다. 젊었을 때 열심히 저축하고 나이가 들어 은퇴한 후에야 해외 여행을 계획했던 이전 세대와는 달리, 지금의 세대는 더욱 적극적이고 다양한 형태의 여행을 즐기고 있습니다. 이러한 변화는 단순히 여행 방식의 변화를 넘어, 도시와 도시민을 바라보는 우리의 관점에도 큰 영향을 미치고 있습니다.

《도시의 얼굴-도쿄》는 이러한 시대적 요구에 부응하여, 필자가 경험했고 기억하는 도쿄라는 도시를 다각도로 조명하고 그 속에 숨겨진 깊은 이야기를 독자들에게 전달하고자 합니다. 필자는 지난 30여 년 동안 70여 개국 이상의 국가를 방문하며 270여 개의 도시를 경험해 왔으며, 그 과정에서 각 도시가 지닌 고유한 얼굴과 정체성을 깨닫게 되었습니다. 도시는 그곳의 역사, 문화, 경제, 그리고 종교적 배경에 따라 독특한 정체성을 형성하며, 이러한 다양성은 도시의 본질을 이루는 중요한 요소가 됩니다.

도쿄는 전통과 현대가 공존하는 융합 도시로, 뉴욕, 런던과 함께 세계 3대 금융 중심지로 손꼽힙니다. 이 도시는 친절과 예의, 높은 도덕성과 에티켓으로 상

징되는 선진 시민 의식을 자랑하며, 글로벌 기업들이 아시아 시장에 진출할 때 가장 먼저 선택하는 도시 중 하나입니다. 도쿄는 또한 장인 정신과 오타쿠 문화가 융합되어 전자, 로봇 등 기술 집약적 산업이 발달한 곳이며, 만화, 패션, 음식 등의 유행을 만들어 내는 중심지이기도 합니다. 이 도시는 24시간 잠들지 않는 글로벌 도시로서, 끊임없이 경쟁력을 키워 나가고 있습니다.

도쿄의 역사는 서기전 3,000년 전으로 거슬러 올라가며, 현재 도쿄 주변의 간토평야에 사람들이 정착하면서 시작되었습니다. 1457년 무로마치 막부 시절에는 에도성이 건설되었고, 1603년 도쿠가와 이에야스에 의해 에도 시대가 개막되었습니다. 1868년 메이지 유신을 거쳐 수도를 에도로 이전하고, 현재의 도쿄로 개칭하면서 도쿄는 일본의 정치, 경제, 문화 중심지로 자리 잡았습니다. 이 과정에서 도쿄는 관동대지진과 같은 재난을 겪기도 했지만, 1964년과 2020년 올림픽 개최와 같은 글로벌 이벤트를 통해 꾸준히 성장하고 발전해 왔습니다.

도쿄는 단순한 도시가 아닙니다. 도쿄는 과거와 현재, 그리고 미래가 공존하는 살아 있는 역사서입니다. 이 도시는 다양한 시대를 거치며, 그 속에 수많은 인류의 이야기를 품어 왔습니다. 도쿄의 건축물, 거리, 공원, 그리고 그 속에 사는 사람들은 모두 이 거대한 도시의 일부이며, 이들이 만들어 낸 이야기는 그 자체로 하나의 문명입니다.

우리는 이러한 도시의 이야기를 통해 몇 가지 중요한 질문을 던질 필요가 있습니다. 우리는 어떤 도시에 살아야 하는가? 후손들에게 어떤 도시를 물려줄 것인가? 행복하고 아름답고 경쟁력 있는 도시는 누가 만드는가? 현대 사회에서 우리는 도시의 역할과 그 미래에 대해 깊이 생각해 보아야 할 시점에 와 있습니다. 도시화, 기술 발전, 인구 변화, 그리고 세계화는 우리가 살아가는 도시의 모습을 빠르게 변화시키고 있으며, 이러한 변화 속에서 도시가 어떻게 지속가능하게 발전할 수 있을지 고민해야 합니다.

도시는 단순히 사람들이 모여 사는 장소를 넘어, 미래의 가치를 실현하는 중요한 공간입니다. 지속가능한 지역사회로서, 도시는 모든 사람들이 협력하여 평등한 기회를 누리고 훌륭한 서비스를 제공받을 수 있는 곳이어야 합니다. 최근 전 세계의 주요 도시들은 경쟁력을 확보하기 위해 창의적인 아이디어를 반영한 혁신적 도시 개념을 도입하고 있으며, 우수한 인재를 유치하기 위한 다양한 인프라를 강화하고 있습니다. 특히 과학적 혁신을 기반으로 한 도시 발전은 재능 있는 인재들이 체류하고 근무할 수 있는 환경을 제공하는 데 중점을 두고 있습니다.

도쿄와 같은 메트로폴리스는 항상 인류 발전의 원동력이 되어 왔습니다. 옥스퍼드의 석학 이언 골딘과 이코노미스트 톰 리-데블린은 《번영하는 도시, 몰락하는 도시》에서 "인류 문명의 발상지부터 현대에 이르기까지 도시가 인큐베이터 역할을 해 왔다"고 설명합니다. 그러나 21세기에 들어서면서 도시는 새로운 도전에 직면하고 있습니다. 불평등의 심화, 도시의 양극화, 그리고 기후 변화와 같은 문제들이 도시의 번영을 위협하고 있습니다. 세계화와 기술 진보는 세상을 더 평평하게 만들 것이라는 희망을 품게 했지만, 실제로는 그렇지 않았습니다. 오히려 세상은 점점 더 뾰족해지고 있습니다. 도쿄와 같은 도시에서 이러한 경향은 더욱 뚜렷하게 나타나고 있습니다.

팬데믹 이후 원격 근무의 확산은 도시의 상업 지역에 큰 충격을 주었고, 이는 도시의 경제와 사회적 구조에 깊은 영향을 미치고 있습니다. 이러한 변화 속에서 도쿄와 같은 대도시는 새로운 방향성을 모색해야 합니다. 유연한 근무 환경과 창의적 상호작용의 조화를 이루기 위해 도시의 역할은 더욱 중요해졌으며, 지속가능한 발전을 위해서는 더 저렴한 주택과 효율적인 대중교통, 그리고 환경 친화적인 도시 개발이 필요합니다.

《도시의 얼굴 - 도쿄》는 이러한 변화 속에서 도쿄의 주요 랜드마크와 명소들뿐만 아니라, 그 이면에 숨겨진 이야기를 탐구합니다. 아자부 다이 힐즈, 롯폰기 힐즈 프로젝트, 도쿄 미드타운과 같은 랜드마크들은 단순한 건축물이 아니라, 도쿄의 역사와 현재, 그리고 미래를 잇는 중요한 연결 고리입니다. 이 책은 이러한 장소들이 어떻게 도쿄의 정체성을 형성했는지, 그리고 앞으로 어떤 역할을 할 것인지를 조명합니다.

이 책이 단순히 도쿄를 소개하는 데 그치지 않고, 도시가 어떻게 발전하고 변화하며, 또 어떤 도전에 직면하고 있는지 이해하는 데 도움이 되기를 바랍니다. 필자는 책에 담긴 내용을 보다 현실감 있게 다루기 위해 현지 도시에 직접 여러 차례 방문하고, 그곳에서 체험하며 책을 집필했습니다. 도시를 사랑하고, 여행을 즐기며, 도시의 역사와 문화를 공부하는 모든 이들에게 이 책이 작은 영감이 되기를 기대합니다.

마지막으로 이 책이 세상에 나올 수 있도록 아낌없는 격려와 지원을 보내 주신 한국 부동산개발협회 창조도시부동산융합 최고경영자과정(ARP)과 차세대 디벨로퍼 과정(ARPY) 가족 여러분, 그리고 김원진 변호사님, 정호경 대표님 등 사회 공헌 가치에 공감하고 동참해 주시는 공공협력원 가족 여러분, 1년여 동안 책의 출판을 위해 도와주셨던 아르떼203 여러분, 그리고 저를 아껴 주시는 모든 분들께 감사의 말씀을 전합니다.

도쿄라는 도시의 특별한 얼굴을 발견하고, 그 안에 담긴 이야기를 깊이 있게 이해하는 여정이 되기를 바랍니다.

2024년 11월 이 창 민

목차

일본(Japan)

전체 지도 및 주요 도시

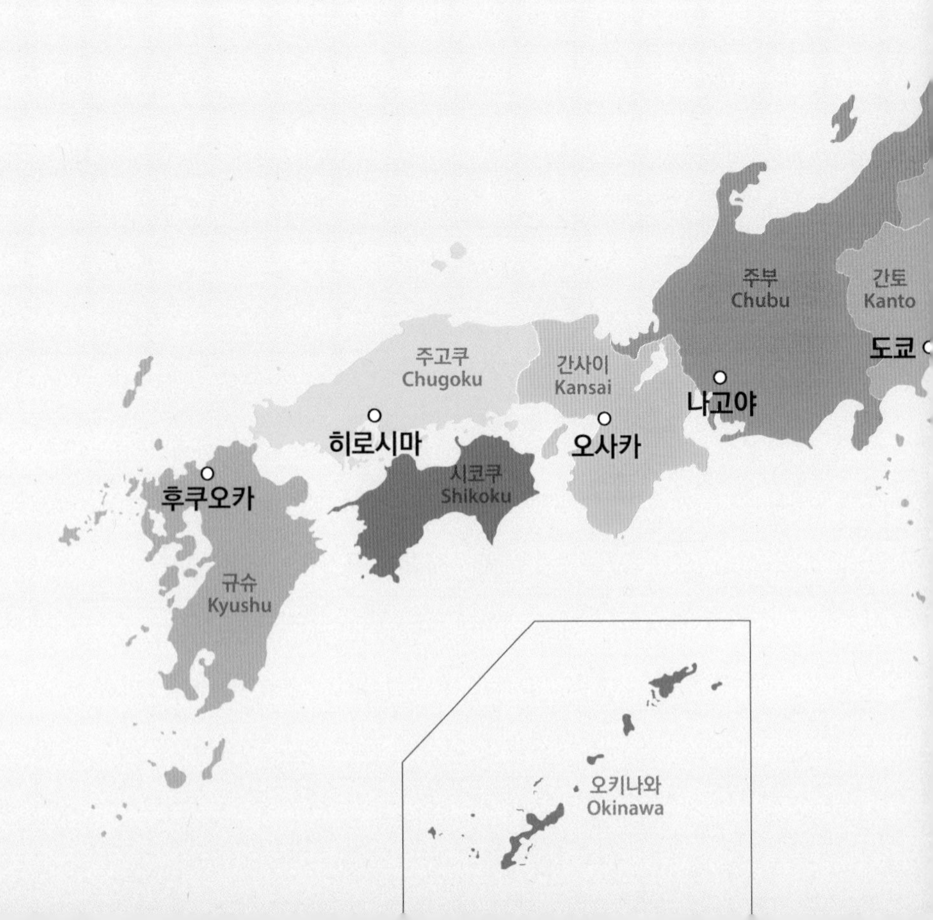

홋카이도
Hokkaido
삿포로
도호쿠
ohoku
센다이

1

일본 개황

일본
(Japan, 日本)

1. 일본 개요

면적 - 37만 7,974km²(한반도의 1.7배)
수도 - 도쿄도(Tokyo), 1,403만 명(2022년)
인구 - 1억 2,451만 명(2023년)
민족 - 일본인(98.5%), 한국인(0.5%), 중국인(0.4%), 기타(0.6%)
기후 - 온대 해양성
연평균기온 8월 27.8°C, 12월 8.7°C
공용어 - 일본어(日本語)
종교 - 신도 및 불교(90.2%), 기타(9.8%)
GDP - 4조 2,129억 달러(2023년)
(1인당 GDP) 3만 3,806달러(2023년)
행정구역 - 47 도도부현(2개 都, 2개 府, 43개 県)
(도쿄도, 홋카이도, 오사카부, 교토부, 나머지 43개 현)

2. 정치적 특징

정부 형태 - 내각제 책임제

국가 원수 - 천황: 나루히토(徳仁) (제126대 국왕) ※ 2019년 5월 즉위
총리: 이시바 시게루(石破茂) (자민당) ※ 2024년 10월 취임

선거 형태 - 총리: 간접선거/참의원, 중의원: 직접선거

정당 구분 - 연립여당: 자유민주당(자민당)+공명당
야당: 민진당, 공산당, 오사카유신회, 사민당, 생활의 당 등

기타 - 임기 4년, 재임 가능

나루히토
천황*

이시바 시게루
총리*

- 2022년 참의원 선거와 2021년 중의원 선거 모두 자유민주당이 과반에 가까운 의석을 차지하는 압승을 거두었으며 자유민주당 소속 의원으로 구성된 101대 기시다 내각은 거대 여당 의석 수 확보로 국정을 안정적으로 운영
- 최근 기시다 내각에서 추진 중인 주요 정책으로는 DX 가속화를 위한 '디지털 사회 실현을 위한 중점 계획', 2050년 탄소중립 목표 실현을 위한 '그린 성장 전략' 등이 있음
- 22년 실질 GDP는 2년 연속 플러스 성장을 기록했고 나아가 2023년 상반기 코로나19로 인한 행동, 입국 규제 완화로 관광, 외식 소비 등 서비스 지출이 증가

3. 일본 약사(略史)

연도	역사 내용
서기전 20만 년~AD 300	구석기 조몬(縄文) 시대, 야요이(弥生) 시대
300~710	야마토(大和) 시대, 최초의 통일 국가
710~794	나라(奈良) 시대, 고분 시대, 불교 문화 번성, 수도가 나라로 지정
794~1185	헤이안(平安) 시대, 예술과 향락의 시대, 수도를 교토(京都)로 이전, 사무라이(侍)의 등장 시기
1185~1333	가마쿠라(鎌倉) 시대, 가미카제(神風)의 기원, 무사 중심의 봉건제도 등장
1333~1573	난호쿠초(南北朝) 시대, 무로마치(室町) 시대, 다도(茶道) 유행, 오다 노부나가(織田信長), 도요토미 히데요시(豊臣秀吉), 도쿠가와 이에야스(徳川家康) 장군 등장
1491~1568	젠코쿠(全國) 시대
1568~1600	아쓰지모모야마(安土桃山) 시대, 도요토미 히데요시(豊臣秀吉) 권력 장악, 임진왜란, 정유재란 일으킴
1600~1869	에도(江戶) 시대, 도쿠가와 이에야스(徳川家康) 에도(東京) 막부 정치, 미쓰이(三井) 최초 옷 장사 출발, 연극(가부키 歌舞伎), 문학, 음악, 미술의 대중문화가 눈에 띄게 발전
1868~1912	메이지(明治) 시대, 변화와 실험의 시대, 미국 · 영국 · 러시아 · 네덜란드 · 프랑스와 조약 체결로 막부 세력이 패배하고 다음 해에 메이지 천황의 통치로 왕정 복고가 이루어짐 1868년 메이지 유신(明治維新)으로 봉건제도 철폐, 수도를 에도(江戶)로 옮기고 도쿄(東京)로 개명, 1895년 청일 전쟁, 1910년 한일 합병 등 국가 팽창 정책 시도

출처: 위키피디아

1912~1926 다이쇼(大正) 시대, 하루노미야 요시히도(明宮嘉仁) 일왕

출처: 위키피디아

1926~1989 쇼와(昭和) 시대, 히로히토(裕仁) 일왕

극단적인 군국주의자들은 아시아를 정복하기 위해 지속적 군사 침략

1941년 진주만의 미 해군 기지를 공격해 제2차 세계대전에 참전

1945년 8월 히로시마와 나가사키에 원자폭탄 투하 항복

출처: 위키피디아

1950년대부터 거대한 일본 경제의 신화를 창출

1989~2019 헤이세이(平成) 시대. 아키히토(明仁) 일왕

2019~현재 레이와(令和) 시대, 2019년 5월 1일 나루히토(徳仁) 천황 즉위

천황은 상징적인 원수이자 국민의 정신적 통합을 나타내는 상징

4. 일본 행정구역

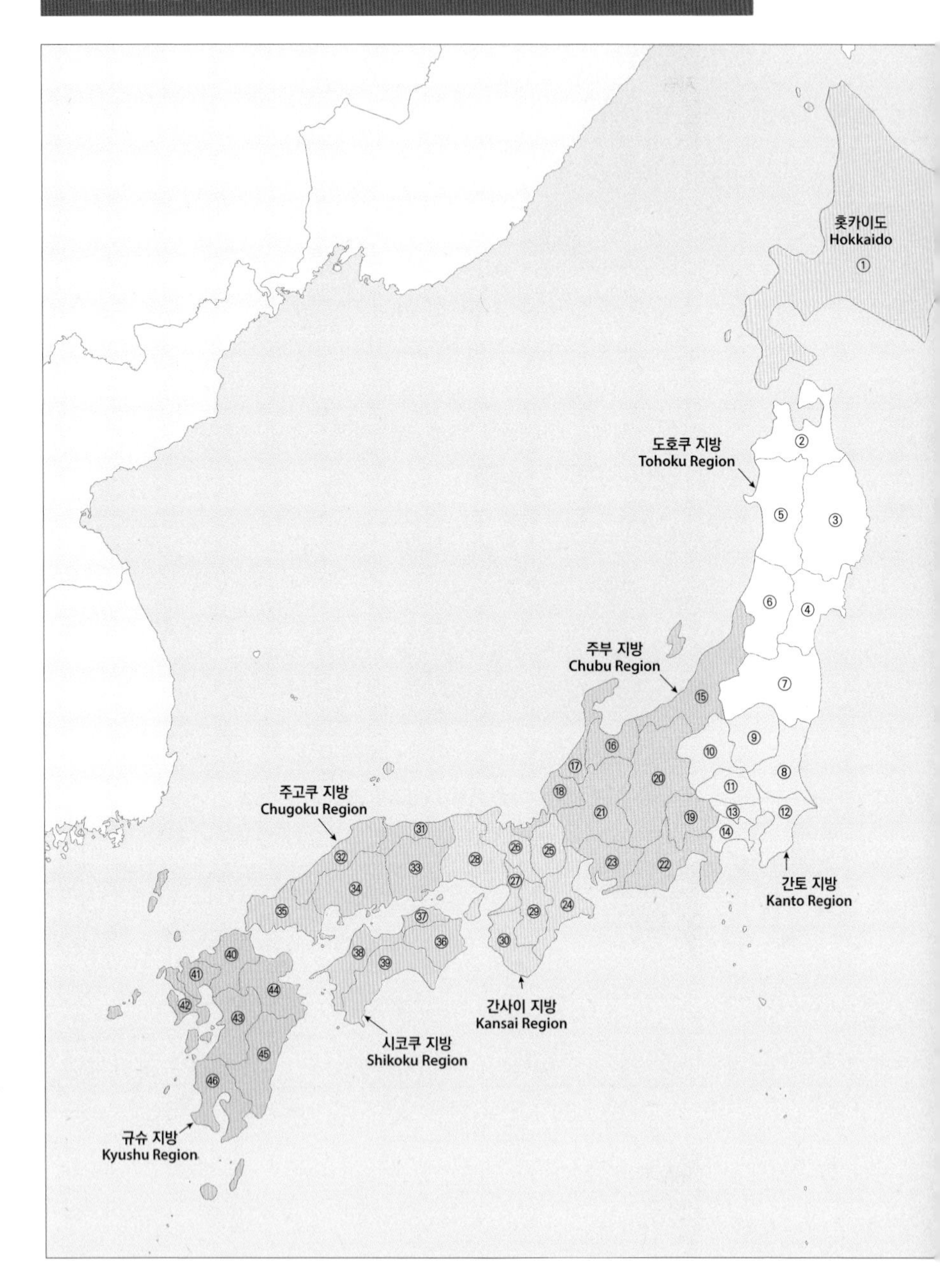
홋카이도
Hokkaido
①
②
도호쿠 지방
Tohoku Region
⑤
③
⑥
④
주부 지방
Chubu Region
⑦
⑮
⑨
⑩
⑯
⑰
⑧
⑳
⑪
주고쿠 지방
Chugoku Region
⑱
⑬
⑫
㉑
⑲
㉛
⑭
㉖
㉕
㉜
㉘
㉝
㉓
㉒
㉗
간토 지방
Kanto Region
㉞
㉔
㉟
㉙
㊲
㊱
㉚
㊵
㊳
㊴
㊶
㊹
간사이 지방
Kansai Region
㊷
㊸
㊺
시코쿠 지방
Shikoku Region
㊻
규슈 지방
Kyushu Region

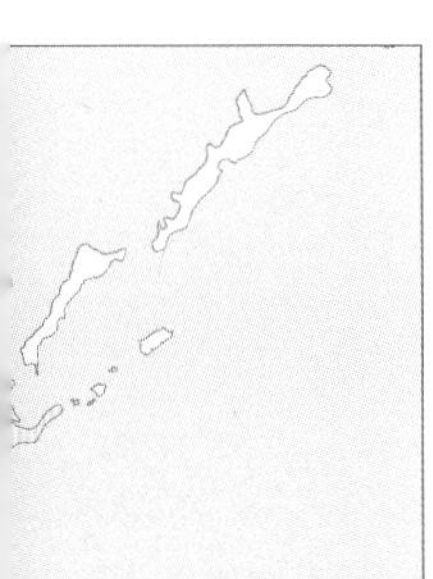

지방	도도부현	
홋카이도 지방	①홋카이도	
도호쿠 지방	②아오모리현 ④미야기현 ⑥야마가타현	③이와테현 ⑤아키타현 ⑦후쿠시마현
간토 지방	⑧이바라키현 ⑩군마현 ⑫지바현 ⑭가나가와현	⑨도치기현 ⑪사이타마현 ⑬도쿄도
주부 지방	⑮니가타현 ⑰이시카와현 ⑲야마나시현 ㉑기후현 ㉓아이치현	⑯도야마현 ⑱후쿠이현 ⑳나가노현 ㉒시즈오카현
긴키 지방	㉔미에현 ㉖교토부 ㉘효고현 ㉚와카야마현	㉕시가현 ㉗오사카부 ㉙나라현
주고쿠 지방	㉛돗토리현 ㉝오카야마현 ㉟야마구치현	㉜시마네현 ㉞히로시마현
시코쿠 지방	㊱도쿠시마현 ㊳에히메현	㊲가가와현 ㊴고치현
규슈 지방	㊵후쿠오카현 ㊷나가사키현 ㊹오이타현 ㊻가고시마현	㊶사가현 ㊸구마모토현 ㊺미야자키현 ㊼오키나와현

5. 경제적 특징

3만 3,806달러(2023년)
1인당 GDP
경제 성장률
1.1%
(2022년 기준 –
국제통화기금 보고서)
자동차/운송장비,
에너지/광물,
건설/인프라/플랜드,
의료 바이오 등
주요 산업
수출
9,212억 달러(2022년):
자동차, 철강, 반도체,
전자제품, 자동차 부품 등
9,050억 달러(2022년):
원유, 액화천연가스, 의류,
반도체, 통신기 등
수입
화폐 단위
엔(¥, Yen)
100엔=917원(2024.08.19)

6. 일본 주요 도시 현황

도시명	면적	인구	특징
도쿄	626.7km²	950만	- 도쿄 23구 - 도쿄도 정부로부터 자치권 부여
가나가와현 요코하마시	437.56km²	373만	- 에도 시대 말부터 일본을 대표하는 항만 도시 - 항만 복합 재개발로 국제 문화 중심 도시
오사카부 오사카시	225.21km²	271만	- 오사카부의 부청 소재지 - 오랜 역사, 문화의 중심지
아이치현 나고야시	326.45km²	231만	- 1956년 첫 정령 지정 도시로 지정 - 도카이 지방의 경제의 중심지(자동차 공업 지역)
홋카이도 삿포로시	1,121.26km²	195만	- 홋카이도의 도청 소재지 - 풍부한 자연으로 유명한 관광 도시(눈 축제, 온천 등)
후쿠오카현 후쿠오카시	343.39km²	153만	- 아시아의 관문 - 지리적 이점으로 "아시아를 향한 국제 도시" 지향
효고현 고베시	557.02km²	153만	- 효고현의 현청 소재지 - 대표적인 항만 무역 도시, 멋과 맛의 도시
교토부 교토시	827.83km²	147만	- 1868년 메이지 유신까지 일본의 수도 - 역사와 문화의 도시

7. 사회문화적 특징

▣ 메이와쿠(迷惑)
- 타인에게 민폐를 끼치지 말자라는 일본인들의 개념
- 질서와 예의를 중시

▣ 다테마에(建前)와 혼네(本音)
- 겉마음(다테마에)과 속마음(혼네)을 분리하는 가치관
- 거절 의사를 단호하게 표현하는 것은 상대방을 무시하는 것으로 인식
- 둘러 말하는 표현법으로 대답하지만, 속뜻은 거절을 의미

▣ 기본 에티켓
- 문을 노크한 뒤에는 상대가 응답을 하기 전까지 기다림
- 대화를 나눌 때에는 맞장구를 치고 경청하고 있음을 표현
- 음식을 먹을 때는 소리를 내지 않고 먹는 것이 매너
- 밥그릇을 들고 먹으며, 가급적이면 숟가락보다는 젓가락을 많이 사용

▣ 갈라파고스 신드롬(Japan + Galapagos)
- 세계 시장의 변화에도 불구 자신들의 양식만 고집함으로써 세계 시장에서 고립된 일본의 상황을 비유
- 국산품 선호 현상이 강하게 나타남

8. 비즈니스 매너 및 에티켓

▣ 복장
- 보수적인 편이므로 남성, 여성 모두 포멀한 정장 추천
- 남성은 어두운 색의 정장에 흰 셔츠를 입는 것이 좋으며 신고 벗기 쉬운 신발을 신는 것이 좋음
- 여성은 비즈니스 정장이나 원피스가 적절하며 타이트한 옷이나 소매가 없는 옷은 피하는 것이 좋음

▣ 관계
- 우선은 자신을 낮추는 것이 상책
- 일본인들은 비즈니스 영역에서만이 아니라 일반 영역에서도 자신을 낮추는 버릇이 습관화되어 있음

▣ 의사소통
- '다이죠부데스(だいじょうぶです, 괜찮습니다)'의 남발 금물
- 정교함을 추구하는 일본 업계 사람들과 대화할 때는 다이죠부데스와 같이 정확한 척도가 없는 어구의 사용은 피할 필요가 있음

▣ 약속

- 일본에서 비즈니스 시 약속을 지키는 것은 철칙이라 해도 과언이 아님
- 약속을 지킬 수 없게 되었을 경우에는 반드시 미리 사정을 설명하면서 사과의 의사를 표명할 필요가 있으며 약속은 보통 2주 전까지는 잡는 것이 상식적으로 시간 관념이 철저한 일본의 문화에 맞는 매너 준수

▣ 선물·식사

- 비즈니스 문화에서 선물을 주고받는 것은 중요한 풍습
- 젓가락으로 상대방에게 음식을 집어주거나 젓가락과 젓가락으로 음식을 건네주는 행위는 절대 해서는 안 됨
- 밥을 먹을 때는 밥그릇을, 국을 마실 때는 국그릇을 들어 식사
- 일본 관습을 이해하고 그에 맞는 매너로 신뢰를 형성할 것

▣ 인사·대화

- 일본 사회는 인사 하나만 해도 시간, 장소, 지위 등에 따라 표현이 다르니 실례가 되지 않도록 각별한 주의 필요
- 인사 시 상대방과 시선을 마주치고, 인사말이 끝나면 허리를 굽혀야 함
- 일본인과 대화를 나눌 때는 맞장구를 치는 표현이 중요하므로 대화 중간이라도 수시로 하는 것이 좋음
- 일본인들은 상대방의 부탁을 직설적으로 거절하지 않음
- 상대방에 대한 배려가 중요한 일본의 이해

▣ 비즈니스 협상 시 유의 사항

- 일본에서는 거래를 개시할 때나 그 후의 거래 관계에서도 거래 조건과 함께 개인의 신용을 중요시함
- 약속 시간보다 최소한 10분 전에 도착해야 함
- 필요한 서류와 자료, 샘플 등을 리스트업하여 빠트리지 않도록 유의, 또한 메모 도구, 명함 등도 확인해야 함(일본은 명함이 꼭 필요한 사회)
- 일본어로 상담하거나 대화할 때 주의할 점은 발음이나 억양보다는 예의 바르며 상대방을 존중하는 언어 표현

2

도쿄 개황

1. 개요

지역	일본 혼슈 동부
면적	2,194km^2(일본 총면적의 0.6%)
인구	1,410만 명(2023년) - 세대수 744만 9,000가구 - 가구당 인원 1.89명 - 외국인 58만 명
기후	온난 습윤
GDP	1조 2,700억 달러(2020년 기준)
위치	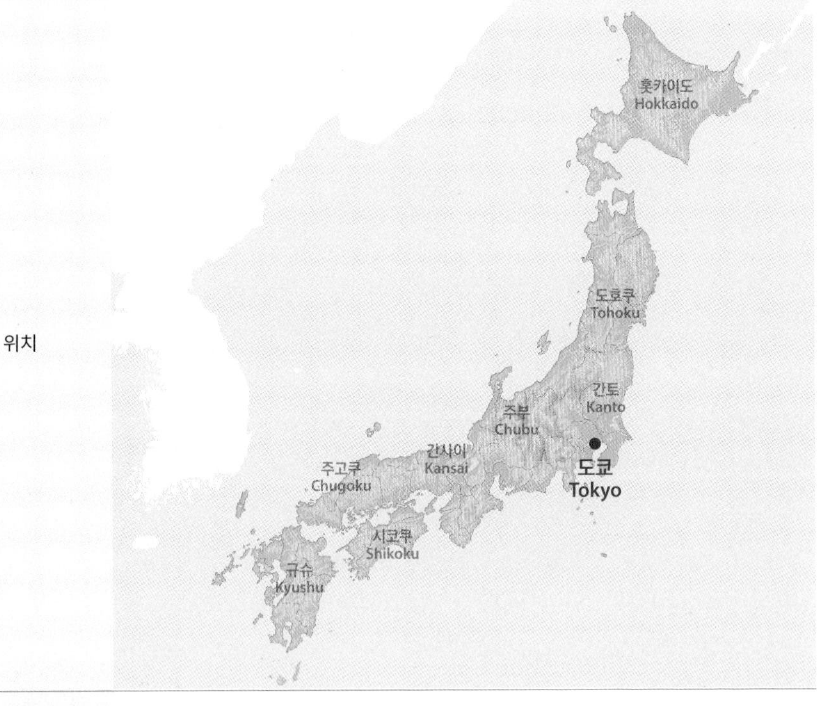
행정구역	23구

▪ **도쿄 행정구역**

구분	명칭	구분	명칭	구분	명칭
1구	아다치구	9구	시나가와구	17구	치요다구
2구	아라카와구	10구	시부야구	18구	도시마구
3구	이타바시구	11구	신주쿠구	19구	나카노구
4구	에도가와구	12구	스기나미구	20구	네리마구
5구	오타구	13구	스미다구	21구	분쿄구
6구	카츠시카구	14구	세타가야구	22구	미나토구
7구	키타구	15구	다이토구	23구	메구로구
8구	고토구	16구	주오구		

▣ 경제 개황

- 도쿄는 2020년 기준 GDP가 1조 2,700억 달러에 이르며 뉴욕에 이어 세계에서 두 번째로 큰 대도시 경제를 갖추고 있고 일본의 운송, 출판, 전자 및 방송 산업의 허브 역할을 하는 주요 국제 금융 중심지
- 2020년 도쿄는 뉴욕, 런던, 상하이에 이어 글로벌 금융 센터 지수에서 4위를 차지함
- 2020년 기준 자본금이 10억 엔 이상인 기업 수는 2,964개에 이르고 이는 일본 전국의 수치 절반에 해당함
- 2021년 기준 도쿄의 주요 산업 중 가장 큰 매출을 기록한 것은 편의점 사업으로 약 1조 6,000억 엔에 달하고 다음으로는 슈퍼마켓과 백화점 사업으로 약 1조 4,000억 엔에 이름
- 생산 가능 노동력: 860만 명(2022년 기준)
- GDP: 1조 2,700억 달러(2020년 기준)

▣ 주요 공항

- 나리타 공항
  - 북아메리카와 아시아를 잇는 대표적인 허브 공항
  - 1978년 5월 20일에 하네다 국제공항에서 국제선을 이관해 개항
  - 공항 면적은 1,065만m², 활주로 4,000m×60m, 2,500m×60m 2개소
- 하네다 공항
  - 1955년 개항
  - 오랫동안 일본을 대표하는 국제공항으로 널리 알려져 있었으나 국제선 기능은 1978년 개항된 나리타 국제공항으로 이전되었고 국내선 노선을 위주로 운영
  - 현재 상하이, 김포 등 일부 국제선 가능
  - 4개 활주로(30,000m/3,360m/2,500m/2,500m)

■ 도쿄 대표 기업

세계 순위	기업 이름	매출액(백만 달러)
41	Mitsubishi	153,690
61	Honda	129,546
78	Itochu	109,215
83	Nippon Telegraph and Telephone	108,215
88	Mitsui	104,664
94	Japan Post Holdings	100,278
113	Hitachi	91,374
116	Sony	88,320
140	ENEOS Holdings	80,132
147	Seven & I Holdings Co.	78,458
157	Marubeni	75,742
167	Dai-ichi Life	73,082
214	Nippon Steel	60,612
234	SoftBank Group	55,383
240	Mitsubishi UFJ Financial Group	54,087
250	Idemitsu Kosan	52,335
253	Tokio Marine	52,198
279	Sumitomo Group	48,916
290	Tokyo Electric Power Company	47,268
309	MS&AD Insurance Group	45,685
351	Mitsubishi Electric	39,851
358	JFE Holdings	38,858
377	Meiji Yasuda Life	37,515
383	Sompo Holdings	37,098
388	Sumitomo Mitsui Financial Group	36,596
401	Mitsubishi Chemical Holdings	35,402
404	Mizuho Financial Group	35,279
418	Mitsubishi Heavy Industries	34,363
444	Canon Inc.	32,005
446	Fujitsu	31,929
448	Takeda Pharmaceutical	31,771
480	Toshiba	29,705
484	Bridgestone	29,570
489	Medipal Holding	29,295

출처: Fortune Global 500(2022)

▣ 도쿄 약사

연도	역사 내용
1603	도쿠가와 이에야스, 에도 막부 개창(에도 시대)
1657	에도 대화재(10만 명 이상의 사망자 발생)
1718	소방대원조합 설립
1721	인구 조사 시작
1854	미일 화친 조약 체결
1867	도쿠가와 요시노부, 쇼군직 사퇴 및 정권 반납
1868	메이지 신정부 수립, 에도를 도쿄로 명명함
1872	신바시~요코하마 철도 개통
1877	우에노 공원 제1회 산업박람회 개최
1882	일본 최초 동물원인 우에노 동물원 개장
1889	도쿄시 탄생 및 15구
1894	청일 전쟁 발발
1904	러일 전쟁 발발
1914	제1차 세계대전 발발
1920	국제연맹 설립 참가
1923	간토 대지진 발생
1941	태평양 전쟁 발발
1964	도쿄올림픽 개최
1973	석유 파동 발생
1982	도쿄 장기 계획 발표
1991	도청사 이전(마루노우치 → 신주쿠)
2007	도쿄 마라톤 개최
2010	하네다 공항 국제선 터미널 개시
2011	동일본 대지진 발생
2014	'도쿄 장기 비전' 발표
2020	도쿄올림픽 개최

2. 도쿄올림픽 2020

▣ 아시아에서 네 번째로 열리는 하계 올림픽이며, 1964 도쿄올림픽 이후 두 번째로 56년 만에 도쿄에서 개최, 일본의 네 번째 올림픽(동계·하계)이자 아시아에서는 처음으로 같은 나라, 같은 도시에서 다시 개최하는 하계 올림픽

▣ 원래는 2020년 7월 24일부터 8월 9일까지 개최될 예정이었으나 2020년 코로나19의 여파로 인해 올림픽 개최 시기가 2021년으로 연기됨

▣ 대회 시기

- 2021년 7월 23일~2021년 8월 8일

▣ 대회 종목

- 33개 종목(25개 핵심 종목+3개 일반 종목+5개 추가 종목)

▣ 예산

- 1조 4,238억 엔 지출
- 최종적으로 6,404억 엔 균형예산 달성

▣ 경제 효과

- 약 32조 3,179억 엔(약 291조 원)에 달하는 것으로 추산
  · 대회 유치가 결정된 2013년부터 개최 후 10년이 지난 2030년까지 총 18년간의 경제 효과
- 대회 경기장 건설, 올림픽 경기 운영 등의 직접 효과에 의한 총수요 증가량은 1조 9,790억 엔, 올림픽 개최로 인한 경제 활성화, 도시 개발 및 환경 등의 레거시 효과에 의한 수요 증가량이 약 12조 2,397억 엔으로 추산
- 도쿄에서의 약 130만 명을 포함한 일본 전국에서 194만 명의 취업 기회가 증가하여 고용소득 관련 경제 효과만 약 8조 7,156억에 이르는 것으로 추산
- 도시 재생과 올림픽
  · 올림픽 이후 선수단을 수용했던 도쿄 서하루미 5초메 지구의 건물들을 활용하여 새로운 개발 프로젝트가 진행되고 있으며 '하루미 플래그' 대규모 복합 단지로 재개발하여 아파트, 공유주택 등을 갖출 수 있도록 설계

· 올림픽 및 패럴림픽 선수촌 내 휴식공간 등의 시설은 수소를 에너지원으로 사용하는 실용화 단계의 최초 시도였으며 이는 서하루미 5초메 도시 개발 사업에도 도입될 예정

3. 도쿄의 주요 도심 구분

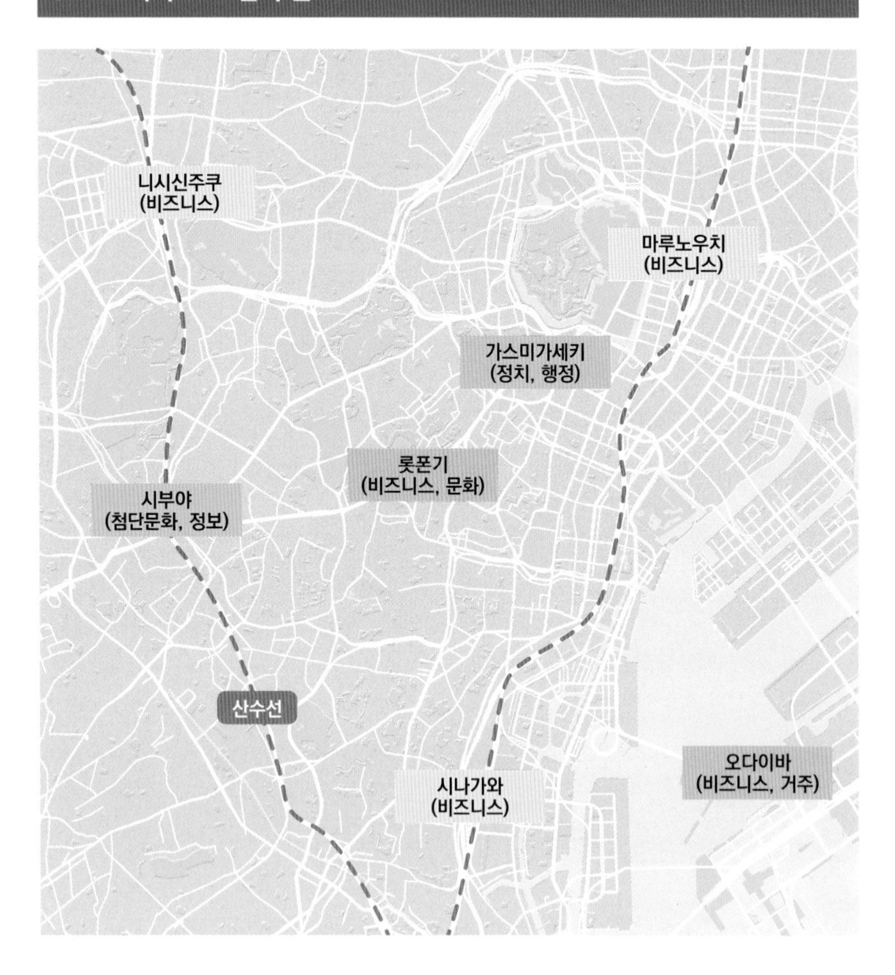

4. 도쿄 주요 랜드마크 및 명소

3

도쿄의 도시 재생 및 개발 정책과 현황

도쿄의 도시 개발

1. 도쿄의 도시 역사

(1) 전국 시대

서기전 3000년	간토 평야에 사람들이 정착, 히라 강 연안의 농어촌 마을인 히라카와 마을에서 간토 평야를 따라 육지와 바다, 하천이 전략적 위치를 차지하고 있었음
12세기	가마쿠라 시대에 간토 지방의 군주인 에도 시게나가가 에도주쿠라는 성 설립
1457	무로마치 시대에 에도성 건설, 현제 황궁의 동쪽 정원

(2) 도쿠가와 시대(에도 시대)

1603	도쿠가와 이에야스가 쇼군이 되어 도쿄 지역을 정부의 중심으로 정함 그의 통치와 함께 250년 평화 기간이 지속되며 도시가 빠르게 성장 18세기 시민 100만 명 도달
1657	에도 대화재의 발생으로 인하여 10만 이상이 사망함
1867	미국군의 침략으로 항구 개방, 이로 인한 물가 상승으로 인해 천황 제국군의 마지막 쇼군 전복, 도쿠가와 정권 종식
1868	메이지 천황이 교토에서 에도로 옮기며 동부의 수도라는 뜻의 도쿄로 개칭, 일본의 공식 수도로 등록

(3) 메이지 유신(1869~1926년)

1877	도쿄 제국 대학에 공립학교를 통합함으로써 서구의 전문적인 과학과 기술을 도입하는 데 중점
1870~1880년대	도쿄 도시 개발의 미래에 대한 토론을 통해 도시 유지와 성장에 필수적인 기반 시설과 서비스 개선, 도시 전체 미화 기준 강화 논의
1893~1900년대	3다마 지역을 가나가와현에서 도쿄부로 편입 도쿄 부청사 준공(마루노우치), 청일 전쟁(~1895년) 발발 러일 전쟁(1904~1905년)발발
1923	규모 8.3의 관동 대지진으로 인해 7만 명 사망, 도쿄 건물의 75% 파괴
1927~1940년대	아사쿠사~우에노 지하철 개통(일본 최초), 도쿄공항 완성(하네다), 도쿄 상주 인구 636만 명 달성, 도쿄항 개항

(4) 쇼와 시대(1926~2019년 5월)

1941~1945	1941년 일본군의 미군, 영국군 공격으로 태평양 전쟁 시작 1945년 미군과 소련군의 일본 폭격으로 연합군에 항복
1964	전후 복구 후 하계 올림픽 개최
1970년대	도시의 비약적 발전을 통해 전후 280만이었던 인구가 1,100만 명으로 증가
1980~1990년대	70년대의 고도 성장이 80년대의 '버블 경제'로 이어졌고 이는 90년대 부동산과 주식 가격의 폭락으로 경기 침체 초래, '잃어버린 10년'으로 불림
2006	'10년 후 도쿄 ~ 변화하는 도쿄' 발표
2009	경제 침체의 영향으로 이율 0% 육박, 28년 만에 첫 대미 무역적자 기록
2011	도쿄올림픽 2020을 맞이하여 컴팩트시티, 도시 재생과 복합 개발을 통해 세계 도시경쟁력 1위를 목표로 진행 중

(5) 레이와 시대(2019년 5월~현재)

2019.05	나루히토 천황 즉위
2021.07	도쿄올림픽 개최(2020년 7월 개최 예정이었으나 코로나19로 연기)

2. 일본 도시 개발 패러다임의 변화

(1) 개발 패러다임의 변화

성장/확대 시대의 종료

"생산량"이 아닌 **"생산질"**이 중요

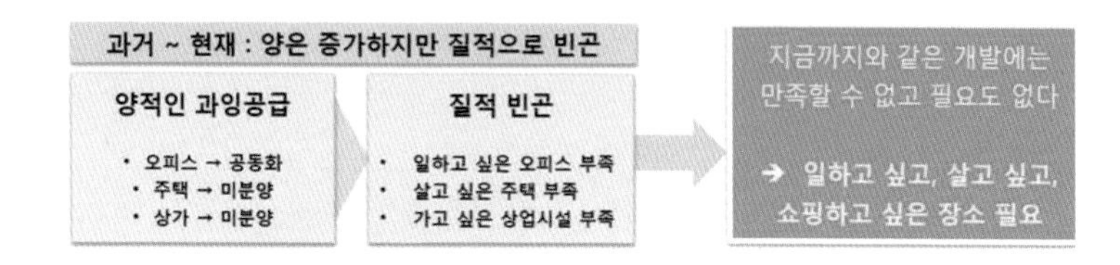

성장과 확대가 최선이던
물질중심의 시대는 종료
(마이너스 증가)

성숙과 높은 품질이 당연한
인간 중심의 시대

출처: 모리빌딩 도시기획

(2) 도쿄 주요 개발 사업의 변천

① 부도심 및 도심 재개발

- 1970년대: 신주쿠 부도심
- 2000년대: 시나가와, 시오도메, 마루노우치, 도쿄 미드타운

② 복합 재개발

연도	개발	연도	개발
1986	아크 힐즈	2018	시부야 스트림
1994	에비스 가든 플레이스	2019	시부야 스크램블 스퀘어
2003	롯폰기 힐즈	2020	도라노몬 비즈니스/레지덴셜타워
2012	시부야 히카리에	2023	도라노몬 스테이션타워, 아자부다이 힐즈
2014	도라노몬 힐즈 모리 타워		

(3) 도쿄 도시 만들기 정책 개념

① 국제경쟁력을 갖춘 도시 활력의 유지·발전

② 지속적 번영을 가능하게 하는 환경과의 공생

③ 독자적인 도시 문화의 창조·발신

④ 안전하고 건강하게 지낼 수 있는 질 높은 생활환경 실현

⑤ 도민, 기업, NPO 등 다양한 주체의 참여와 연대

※ 21세기 도시 만들기는 단순히 행정적 차원에 머무는 것이 아니라 행정, 도민, 기업, NPO 등 다양한 주체가 도시를 함께 가꾸어 간다는 의식을 공유하면서 공동 이익을 창출

3. 도쿄 압축 개발 현황

▣ 2020 도쿄올림픽까지 325곳 압축 개발-스카이라인 '천지개벽'(매경 2017. 03.06.)

- 닛케이BP 가집계에 의하면 2014년 이후 2020년까지 준공되는 도쿄 시내 개발 사업은 총 325개
- 2016년까지 3년 내 완공, 나머지는 대부분 2020년 도쿄올림픽 때 완공
- 면적 기준으로 80%는 신주쿠·시부야·미나토·주오구 등 핵심 도심권
- 도심 집중화 개발이며 도쿄의 스카이라인을 완전히 다시 만들겠다는 시도로 도쿄를 '24시간 잠들지 않는 글로벌 도시'로 만드는 것

▣ 2020 압축 도시 개발 주체

- 압축도시개발 3대 주체로 도쿄 전체를 관할하는 관(官)인 도쿄도와 철도회사계 디벨로퍼들, 그리고 부동산업 기반 종합 디벨로퍼
- 도쿄도 역할: 재생시대로 들어서면서 민간의 힘과 지혜를 살리고자 최대한 규제를 풀어 주고, 최소한의 감시·감독
- 디벨로퍼의 역할이 훨씬 더 중요, 특히 일본의 경우 한국과 달리 부동산 디벨로퍼들이 사업의 근거지로 삼고 있는 지역과 실제 많은 땅을 보유한 '주력

지구'가 있어 책임감을 가지고 지역을 개발하고 운영·관리하는 것이 특징

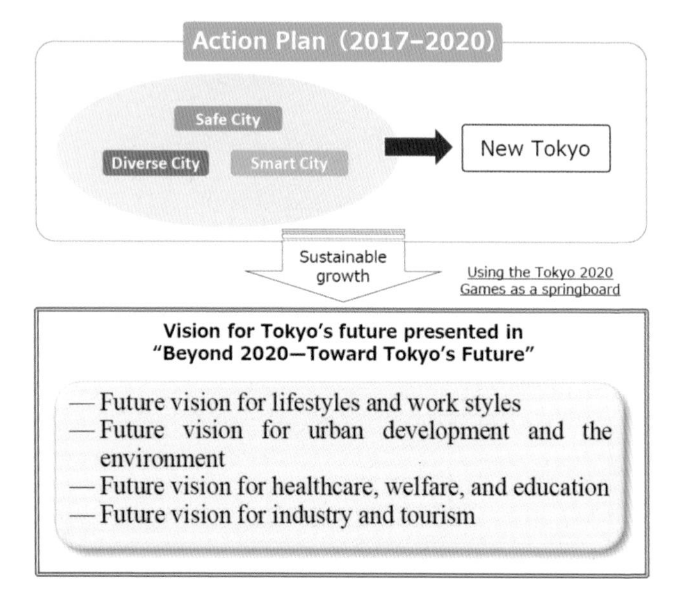

출처: 도쿄도청, 2020 Plan

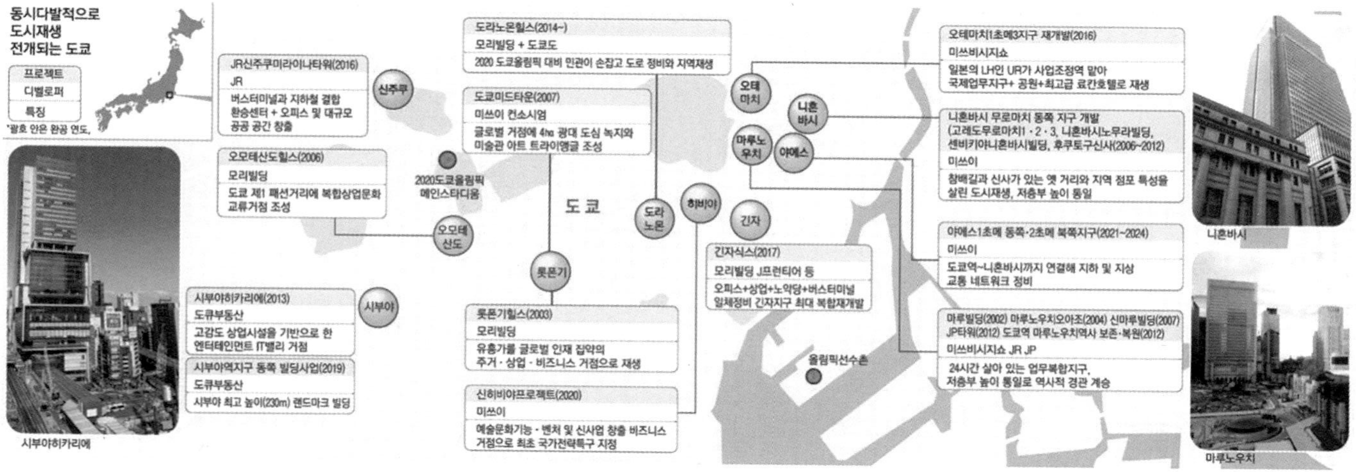

동시다발적으로 도시재생 전개되는 도쿄

프로젝트
디벨로퍼
특징

*괄호 안은 완공 연도.

신주쿠
JR신주쿠미라이나타워(2016)
JR
버스터미널과 지하철 결합 환승센터 + 오피스 및 대규모 공공 공간 창출

오모테산도
오모테산도힐스(2006)
모리빌딩
도쿄 제1 패션거리에 복합상업문화 교류거점 조성

시부야
시부야히카리에(2013)
도큐부동산
고감도 상업시설을 기반으로 한 엔터테인먼트 IT밸리 거점

시부야역지구 동쪽 빌딩사업(2019)
도큐부동산
시부야 최고 높이(230m) 랜드마크 빌딩

2020도쿄올림픽 메인스타디움

도쿄

도라노몬
도라노몬힐스(2014~)
모리빌딩 + 도쿄도
2020 도쿄올림픽 대비 민관이 손잡고 도로 정비와 지역재생

롯폰기
도쿄미드타운(2007)
미쓰이 컨소시엄
글로벌 거점에 4ha 광대 도심 녹지와 미술관 아트 트라이앵글 조성

롯폰기힐스(2003)
모리빌딩
유흥가를 글로벌 인재 집약의 주거·상업·비즈니스 거점으로 재생

히비야
신히비야프로젝트(2020)
미쓰이
예술문화기능·벤처 및 신사업 창출 비즈니스 거점으로 최초 국가전략특구 지정

긴자
긴자식스(2017)
모리빌딩 J프런티어 등
오피스+상업+노악당+버스터미널 일체정비 긴자지구 최대 복합재개발

올림픽선수촌

오테마치
오테마치1초메3지구 재개발(2016)
미쓰비시지쇼
일본의 LH인 UR가 사업조정역 맡아 국제업무지구+ 공원+최고급 료칸호텔로 재생

니혼바시
니혼바시 무로마치 동쪽 지구 개발 (고레도무로마치1·2·3, 니혼바시노무라빌딩, 센비키야니혼바시빌딩, 후쿠토쿠신사(2006~2012)
미쓰이
참배길과 신사가 있는 옛 거리와 지역 점포 특성을 살린 도시재생, 저층부 높이 통일

야에스
야에스1초메 동쪽·2초메 북쪽지구(2021~2024)
미쓰이
도쿄역~니혼바시까지 연결해 지하 및 지상 교통 네트워크 정비

마루노우치
마루빌딩(2002) 마루노우치오아조(2004) 신마루빌딩(2007) JP타워(2012) 도쿄역 마루노우치역사 보존·복원(2012)
미쓰비시지쇼 JR JP
24시간 살아 있는 업무복합지구, 저층부 높이 통일로 역사적 경관 계승

시부야히카리에

니혼바시

마루노우치

출처: 매일경제(2017.03.06.)

4. 2020년 올림픽 이후 도시 전략

▣ '100년에 한 번'의 대규모 재개발로부터 100년 후의 도쿄로

- 인구 감소에 대비해 해외의 우수한 기업과 인재를 불러들이기 위해 국제적인 도시 환경 공간 조성을 목적으로 함
- 200개 이상의 고층 빌딩이 건설되는 대개조 및 재생 진행 중
- 젊은이의 거리로 새로운 문화타운으로 만들고 있는 시부야, 오피스, 주택이 공존하는 도라노몬, 아자부다이, 세계적인 오피스 타운을 형성하는 도쿄역 주변 마루노우치, 야에스 지역에 대규모 복합 재개발이 진행 중
- 도쿄의 혁신 크리에이터가 한자리에 모여 세계 도시 센터가 직면한 문제를 해결하고 미래를 위한 모델을 전 세계에 공유하기 위한 '스시 테크 토쿄 2024(SusHi Tech Tokyo 2024)' 개최
- 뉴욕, 런던과 어깨를 나란히 할 세계적인 도시로의 성장을 목표로 하며 도쿄를 추격해 오는 싱가포르, 서울, 홍콩, 상하이와 국제경쟁력 격차를 더 벌릴 수 있도록 노력함

출처: 닛케이 아키텍처, 2022. 1. 27. xtech.nikkei.com/atcl/nxt/mag/na/18/00162/

▣ 도쿄 주요 거점의 기능별 역할: 국제경쟁력을 위한 컴팩트 시티로 구성

주요거점	기능별 역할 변화	
	과거	현재
롯폰기 힐즈	도심 재개발	미디어, 문화, 주거
미드타운	방위청 철거지	업무, 생활 SOC
도라노몬 힐즈	도로 입체 복합 개발	글로벌 비즈니스, 공원
아자부다이 힐즈	글로벌 복합도시 모델	주거, 상업, 호텔, 학교, 문화 복합 개발
마루노우치 도쿄역세권	재생 긴급 정비 지역	업무, 보행, 공공 공간
시부야	역세권 복합 개발	IT, 창업, 미디어
시오도메	도심 재개발	아시아 헤드쿼터 특구

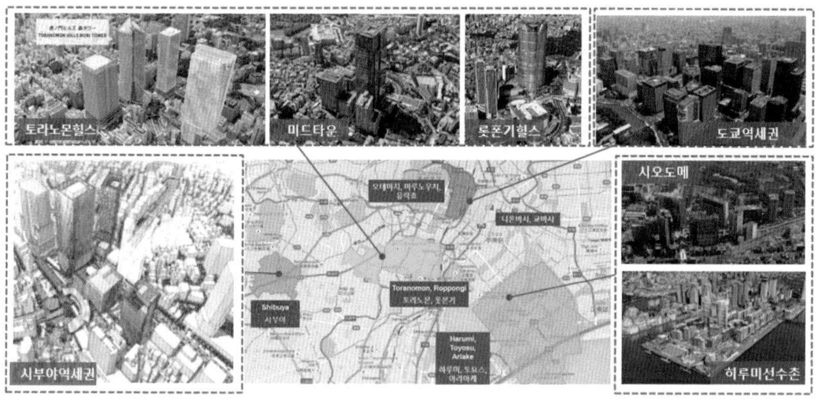

출처: 구자훈, 서민호, 〈동경의 기능별거점계획 2023〉

■ 도쿄올림픽 전후 도시 인프라 및 도시 개발 계획

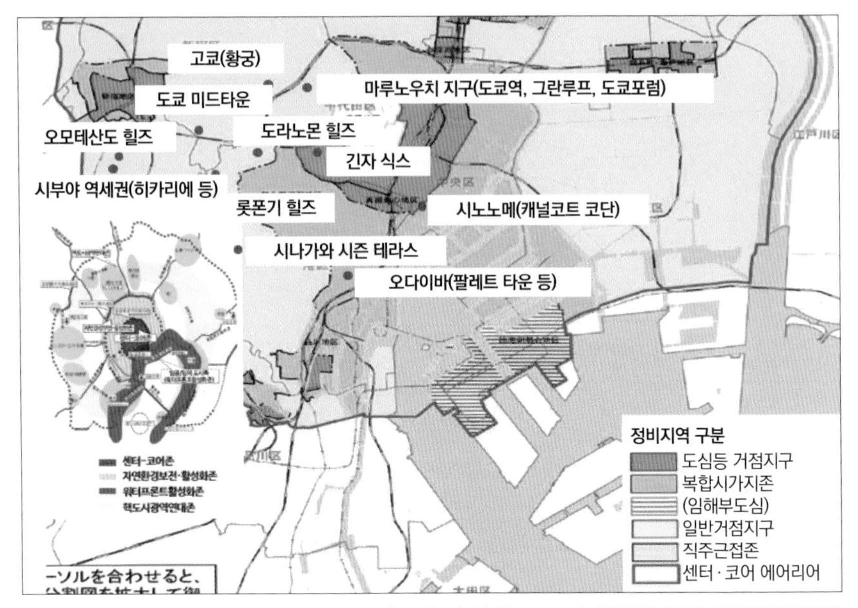

출처: 〈일본의 민간개발 유도형 도시 재생 정책의 제도적 특징과 활용에 관한 연구〉

출처: 도쿄도청 정책기획국, 〈미래의 동경 전략〉, www.seisakukikaku.metro.tokyo.lg.jp/basic-plan/choki-plan

도쿄의 도시 재생

1. 일본 부동산 시장 시대별 특징

구분	일본 사회	주요 개발
1960년대	- 1954: 고도 경제 성장기 - 1964: 도쿄올림픽	- 신주쿠 부도심 개발 계획 - 임해 부동심 구상 개시
1970년대	- 1970: 오사카 만국박람회 - 1973: 제1차 오일 쇼크 고도 경제 성장 종료 - 1978: 제2차 오일 쇼크	- 1974: 신주쿠 스미토모 빌딩, 신주쿠 미쓰이 빌딩 - 1976: 야스다화재해상 빌딩 - 1978: 신주쿠 노무라 빌딩 - 미나토미라이 기본 구상 발표
1980년대	- 1985: 프라자 합의 - 1989: 요코하마 박람회	- 1983: 미나토미라이 사업 착공 시나가와역 동쪽 출구 재개발 계획 - 1986: 아크 힐즈
1990년대	- 버블 경제 붕괴	- 1993: 요코하마 랜드마크 타워 - 1994: 에비스 가든 플레이스 - 1995: 시오도매 재개발 - 1996: 다이바, 아리아케, 아오미 프런티어 빌딩 - 1997: 다이바 후지TV 본사 사옥 - 1998: 시나가와 인터시티 - 1999: 팔레트 타운
2000년대	- 2008: 리먼쇼크	- 2001: 아타고 그린 힐즈 - 2002: 마루노우치 빌딩 - 2003: 롯폰기 힐즈/시나가와 그랜드 커먼즈 시오도메 덴츠/시오도메 시티센터 일본TV - 2004: 시오도메 스미토모 빌딩 - 2005: 도쿄 시오도메 빌딩 니혼바시미쓰이타워 - 2006: 오모테산도 힐즈 - 2007: 도쿄 미드타운, 신마루빌딩

구분	일본 사회	주요 개발
2010년~	2011: 동일본 대지진	- 2012: 도라노몬 롯폰기 지구 재개발 시부야 히카리에 - 2014: 도라노몬 힐즈 모리타워 - 2016: 롯폰기 3초메/무로마치 후루카와 미쓰이 빌딩 - 2018: 신히비야다니 프로젝트/미드타운히비야 시부야 스트림 - 2019: 니혼바시 무로마치 3초메 재개발 - 2023: 야에스 2초메 기타지구, 도라노몬 스테이션타워, 아자부다이 힐즈

2. 일본 도시 재생과 복합 개발

▣ 도시 재생과 복합 개발 필요성

- 대단위 신개발 수요 감소(산업단지, 대단위 신개발 수요의 급격한 감소)
- 도시 내부 공간 구조 개편 수요 증가(도시화 현상, 한국 90%)
- 민간 중심의 사업성 위주 도시 정비 사업: 아파트 위주의 주택 대량 공급의 한계
- 현 거주자의 삶의 질 등 다양한 욕구 충족의 공간 필요성 증대
- 4차 산업 기반의 공간 인프라 극대화 필요성 증대

▣ 도시 재생과 복합 개발 목적

- 도시의 경제·사회·물리·환경적 쇠퇴에 대응하고, 도시의 지속가능성 확보

① 도시 정체성 회복: 역사, 문화, 환경 재창조

② 물리적 환경 지속 가능성 확보: 효율적 개발, 공공 영역 재창조

③ 도시 공동체 형성 및 유지: 안정적 주거 공동체 형성

④ 저성장에 대한 대안: 지속가능 도시 기능 MAKER 경제 기반 구축

3. 일본 부동산 시장의 변화

▣ 1990대 이후 버블 경제의 붕괴: 개발, 분양 중심의 부동산 산업의 한계

- 1990년대 이후 버블 경제 붕괴로 국가 경제가 장기간 침체 상태 지속되어 활성화 차원의 새로운 개발 수요 니즈 증대 ⇒ 성장 가능한 기존 시가지 개발에 집중하는 선택적 집중으로 전환
- 2000년대 도심 지가·주택 가격 하락, 기업 유휴지 처분, 도심 거주 정책 추진 영향 등 주택 취득 여건 개선으로 도쿄권 분양주택 건설 증가

▣ 일본 부동산 시장의 구조적 변화

- 토지 시장의 구조적 변화

① 과거에는 토지 보유가 최고의 자산 증식 수단이라는 고정관념이 강했으나 버블 붕괴 후에는 토지도 가격이 내릴 수 있으며, 장기 보유시 절대적으로 유리한 재산이 아니라는 사고로 전환

② 기업의 부동산 소유에 대한 가치관의 변화로 과거에는 기업이 토지를 보유하는 데 관심이 집중되었으나 버블 붕괴 후에는 토지의 유효한 이용 및 개발에 더 많은 관심을 가짐

③ 부동산 증권화와 부동산 투자에서의 자금 조달 다양성

④ 토지의 수익성과 편익성을 중시 - 토지의 부가가치에 의해 가격 평가

▣ 사회 환경 요인의 변화

① 저출산으로 인한 자녀 수의 감소와 고령화 인구 증가

② 세대 구성원 감소, 독거노인 및 독신자 등의 1인 세대 증가

③ 기업 간접금융 자금 조달의 감소와 은행의 부동산 담보대출 비율 감소

▣ 시대별 사회 환경 변화 추이

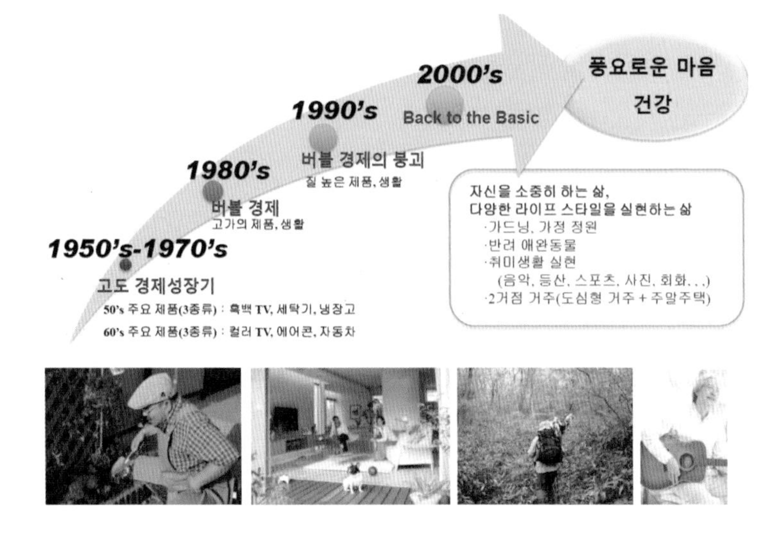

출처: 모리빌딩 도시기획

▣ 도쿄와 수도권의 변화

① 도심 외 각 지역으로 분산되었던 인구가 버블 붕괴 후 도심으로 다시 유입되는 도심 회귀현상 지속

② 도심 외곽 지역으로 집중되었던 주택 공급이 버블 붕괴 후에는 도심 지역의 대규모 주택 공급으로 변경

- 지가 하락으로 사업성이 없어 공급하기 어렵던 도심 주택 공급이 가능해졌으며 토지 이용의 전환으로 그동안 이용되지 않던 많은 유휴지가 재개발사업 등을 통해 개발됨

③ 버블 붕괴 직후 중단되었던 도심 오피스 공급량의 대규모 증가

- 산업의 고도화로 인한 IT산업의 발달과 정부의 정책 추진으로 인해 오피스의 수요 증가로 기존에 부동산을 보유 자산의 가치로 평가하던 가치관이 부동산의 이용으로 그 가치를 변화시켜 상대적으로 편리한 도심의 오피스 및 주거시설 수요 증가

④ 고이즈미 총리 재임 기간 중 도심 활성화를 위한 도심 재생 정책이 적극 추진되어 많은 민간 개발 사업이 활발하게 이루어짐

⑤ 민간 기업의 불량 채권 처리 진전으로 그 동안 담보 상태에 있던 부동산 불량 채권을 금융권에서 적극적으로 처리할 수 있도록 정부의 지원책 및 사회적 분위기 조성

▣ 일본의 부동산·건설 산업 특징

- 신규 주택의 공급 감소, 임대 수요 증가, 관리 및 유통 중요성 확대
  →부동산 산업 구조 변화로 종합건설업체가 부진하고 종합부동산회사가 급성장

종합건설업체 (슈퍼제네콘)	종합부동산회사 (종합디벨로퍼)	주택전문건설회사 (하우스메이커)
카지마건설, 다이세이건설, 시미즈건설, 오오바야시	모리부동산, 미쓰이부동산, 미쓰비시지쇼, 스미토모 부동산	세키스이하우스, 다이와하우스, 스미토모린교
개발 부문 축소 도급사업 치중 건축 기술력 강화	도심 개발 역량 및 복합 개발 부문 확대 임대·관리·중개 부문 강화	주택 생산 기술 생산 방식 다양화 원가 절감 주거 모델 차별화

구분	주요 부동산 산업 분야		주요 부동산 업계	주요 정책적, 제도적 여건
1960	대규모 택지			특례가구제도
1970	대규모 개발	개발	주택건설업 (건설회사)	
	대규모 아파트	신규 건설		
1980	호텔 레저 등			
	오피스 건설			
1990	호텔 레저 등			
2000	고층 아파트		개발, 임대, 관리업 (종합부동산회사)	부동산증권회(2000) 저기차지자가제도(2000)
	해외 진출	개발-임대		도시재생특별조치법(2002)
	임대 소규모 개발	재고 관리		
2010	도심 복합 개발			중고주택리폼플랜(2012)
	해외진출			국가전략특별구역법(2013)

▣ 일본 건설과 부동산 관련 기업 사업 전략 특성 비교

구분			종합건설업체 (제네콘)	종합부동산회사 (디벨로퍼)	주택전문건설회사 (하우스메이커)
핵심사업			- 토목, 건축, 엔지니어링 등 종합건설업	- 주택, 오피스, 상업 등 부동산 개발 사업	- 단독주택, 펜션 분양 등 주택 생산 및 판매 사업
업계 1위 기업	업체명		카지마건설	미쓰이부동산	세키스이하우스
	매출액	2001	2조 6,000억 엔	1조 1,500억 엔	1조 3,100억 엔
		2010	1조 3,000억 엔	1조 4,100억 엔	1조 4,800억 엔
	수익률		감소	유지	둔화
사업 전략 방향			- 기술 역량 강화, 도급 사업 치중 - 해외 건설 시장 진출 확대 - 개발 부문 축소	- 도심 개발 역량 강화 - 복합 개발 부문 확대 - 중계 등 주변 사업부문 강화	- 주택 생산 원가 절감, 생산 방식 다양화 - 임대, 관리, 중개 등 수수료 사업 강화 - 주거 서비스 사업 부문 강화

▣ 기업형 임대주택 사업으로 영역 확장-종합서비스 산업으로 확장

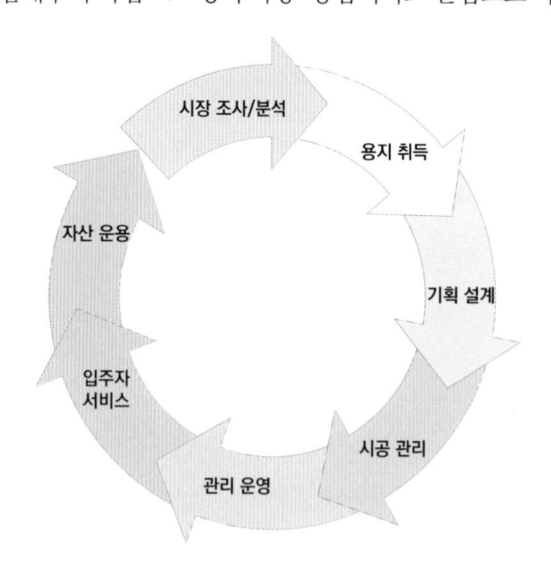

• 자체 개발형 임대주택 사업 구조 예시 – 미쓰이부동산　　출처: 김천호(2013)

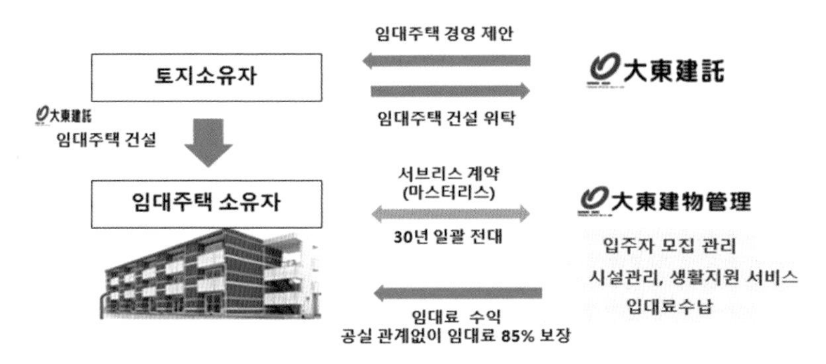

• 수탁개발형 임대주택사업구조 예시 – 다이토켄타쿠

▣ 주거 컨설팅 서비스 모델(중개+주거 컨설팅)

- 처음 집을 장만할 때, 예산에 알맞은 주택 선정
- 가족의 변경(ex. 자녀의 출가) 등으로 이상적인 주거 형태 및 주택 개조
- 집이 좁아서 이사하고자 할 때 현재 집을 처분해야 하는지에 대한 문제
- 이사 혹은 새로운 주택 구매 시 집의 구매와 임대주택 사이에 대한 문제 등

▣ 일본종합부동산 유형별 대표사례

분류		미쓰이 부동산	다이토 켄타쿠	스타츠 코퍼레이션	아파망 숍	다이와 하우스	세키수이 하우스
사업 부문	개발 매매	●		●		●	●
	임대	●	●		●		●
	관리	●	●	●	●	●	●
	중개	●	●			●	
	금융	●					
	컨설팅	●	●	●			●
부동산 상품	주거용	●	●		●		
	오피스	●					
	호텔레저	●	●			●	●
	IT				●		
분류	최협의	○					
	협의		○	○	○		
	광의						

4. 일본 도시 재생 경과

(1) 일본의 도시 재생 정책 배경

▣ 장기적인 경제 불황으로 1990년 이후 실질 경제 성장이 정체된 상태에서 도쿄를 포함한 대도시의 국제경쟁력은 약화, 버블 경제의 휴유증인 대도시를 중심으로 불량 채권화 토지와 사용하지 않는 용지 대량 발생

▣ 따라서 대기업 본사가 입지해 있는 도심의 업무 환경을 개선하고 도심의 매력을 향상시켜 불량 채권화된 토지를 구제하는 동시에 토지 가치를 향상시킬 수 있는 경제 활성화 방안 대두

▣ 도시 정비 부족에 따른 장시간 통근 및 만성적 교통 정체, 지방도시 중심 시가지 공동화, 녹지 및 오픈 스페이스 부족 등의 환경 문제 및 밀집 시가지 등 재해에 약한 구조 심화로 개선이 필요

▣ 2001년 12월에 도시재생특별조치법을 제정하여 도시재생본부를 설치하고 국가 주도 도시 재생 정책 방향 사업 추진-3가지 도시 정책 방향을 설정

① 도시 재생 프로젝트

② 민간 도시 개발 투자 촉진

③ 전국 도시 재생의 추진 등

▣ 중앙정부 주도에서 벗어나 지역에 대한 효과적인 대책 마련과 중앙정부의 힘과 지방정부의 추진력을 유기적으로 엮어 정책을 추진하기 위해 중심시가지활성화본부, 도시재생본부, 구조개혁특별구역추진본부, 지역재생본부 등 4개 본부를 통합한 '지역활성화통합본부회합'을 운영, 이를 통해 중앙-지방-민간이 연계하여 지역적 여건과 특성을 최대한 반영한 현장으로부터의 도시 재생 사업을 추진 중

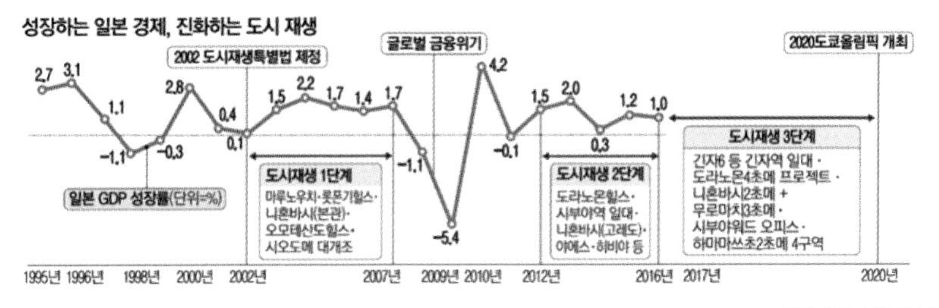

출처: 매일경제(2017.06)

(2) 도시 재생 추진 기구 변천 과정(출처: 일본도시재생본부, 국토연구원)

▣ 일본의 주택, 토지 관련 공기업은 사회 경제, 정치 환경의 변화에 따라 총 3단계의 변천 과정을 거쳐서 현재의 도시재생기구(UR: Urban Renaissance agency)가 설립됨

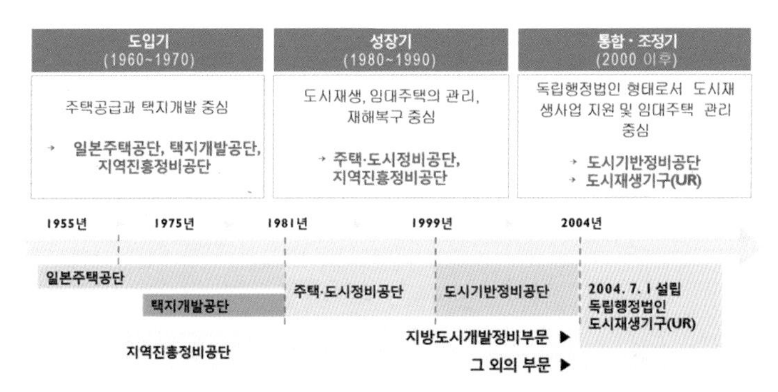

• 일본 도시 재생 추진기구 변천과정

출처: 일본도시재생본부, 국토연구원

(3) 도시 재생 주요 추진 기구

구분	내용
도시재생본부	- 중앙정부 차원에서 도시 재생 정책 총괄 기획 - 도시 재생 기본 방침과 지역 정비 방침 수립 - 도시 재생 긴급 정비 지역 지정 등
도시재생기구	- 코디네이터 및 사업시행자 참여 - 민간 도시 재생 사업 지원 및 파트너십
민간도시개발기구 도시재생펀드법인	- 민간 사업자 도시 개발 지원을 위한 설립 - 비용 일부 무이자 대출, 출자 등으로 자금을 충당함

(4) 중앙정부의 도시재생본부

구분	도시재생본부	지역재생본부	구조개역 특별구역 추진본부	중심시가지 활성화 본부
근거법	도시재생 특별조치법	지역재생법	구조개역특별 구역법	중심시가지 활성화법
사업추진 지역	- 중핵도시	- 전국 시정촌 - 지방중소도시 - 농촌지역	- 전국 시정촌 - 도도부현	- 지방 중핵도시 - 30만 이상 지방
본부설치 시기	2001.05	2003.10	2002.07	2006
목적	- 도시기능 고도화 - 주거환경 향상	- 지역특성 자원 발굴 - 지역 지속가능 발전	- 구조 개혁 추진 - 지역 활성화	- 중심시가지 정비 - 상업 활성화
사업대상 구역	- 재생긴급 정비지역 - 도시재생 특별지구	구분 없음	- 지방자치단체	- 중심시가지 활성화
주요사업 내용	- 대도시권 국제교류 - 대도시 물류 활성화 - 도로 체계 정비 - 오사카 생명과학 국제 클러스터 형성 - 도쿄권 게놈과학 국제 클러스터 형성 - 지방 중핵도시 개성도시 활성화	- 생활환경 정비사업 - 지역산업육성 - 지역고용창출 - 관광진흥	- 국제공항특구 - 농업특구 - 교육특구	- 중심시가지 정비 - 도시복지시설 정비 - 시가지 거주 촉진 - 상업활성화
지원유형	- 교부금 - 규제특례 - 금융지원 - 세제혜택	- 교부금 - 규제특례 - 보조금 - 세제혜택	- 규제특례	- 규제특례 - 세제혜택 - 보조금

출처: 한국 도시 재생 정책의 현황과 추진 방향, 구자훈(2015) 인용 및 재정리

(5) 일본 도시 재생 사업 특성

▣ 국가가 직접 관장, 투자하는 대규모 자본 투입에 의한 도시 재생 사업과 지방자치단체가 주도하는 지역 재생 사업이 양대 축을 이루며 진행됨

구분	도시 경제 활성화		근린 재생	
	대도시, 중핵 도시	지방도시	지자체 주도	민간 주도
방식	도시재생긴급 구조지역	- 중심시가지 활성 - 지역 재생 사업	종합 마을 사업	프로그램 마을
국고 관할	도시재생본부	- 중심 시가지 활성 - 지역 재생 본부	도시재생본부	민간도시개발추진 (MNTO)
국고예산	금융 지원 중심	- 8개 부처 연계 - 내각부 중심53종 교부금	- 마을 교부금 - 지역재생 교부금	마을 펀드
국고 규모	대규모	중규모	중소규모	소규모
지원 방식	지자체 간 경쟁	심사 지원	심사 지원	MNTO 심사
지원 대상	- 지방자치단체 - 민간경제단체	지방자치단체	- 도시재생기구 - 기초 지자체 - 민간 도시개발 추진 기구 - 지방 중소도시	- 마을 펀드 - 지역NPO
사업 내용	- 사회, 경제, 문화, 물리 기반 정비 - 포괄적 재생 프로그램			마을 프로그램
경제 활성화	- 대규모 일자리 창출 - 신산업 유치 - 도시 국제경쟁력 | 고양	- 지방중심시가지 경제 활성화 - 고용 창출 - 쇠퇴 지역 환경 개선 - 커뮤니티 활성화	- 커뮤니티 비즈니스 - 직업교육 훈련	
지원 조건	정부 직접 선정	- 중심시가지 협의회 구성 - 지역재생협의회 구성	도시 재생 서비스 협의회	지자체 거버넌스
	- 지역 정비 방침 수립 - 세제 및 도시 건축 제한 완화	- 중심시가지 활성화 계획 수립 - 지역 재생 계획 수립	도시 재생 정비 계획 수립	기초지자체 차원 마을 만들기 조직 구성

출처: 한국 도시재생 정책의 현황과 추진방향, 구자훈(2015) 재인용 및 재정리

(6) 도시 재생 지원 제도

▣ 도시 재생 특별지구

- 도시 재생 긴급 정비 지역 내에 지정되는 개발사업지구로서, 특별지구로 지정되면 기존의 용도 지역 등 도시계획 규제가 배제된 상태에서 민간 사업자의 자유로운 제안 가능
- 토지 소유자의 3분의 2 이상 동의를 얻어 제안, 6개월 내에 심의 처리
- 도시계획 제안 제도를 통해 민간사업자의 계획 창의성올 보장하고 심의 기간 단축으로 사업의 리스크를 경감시켜 주며, 지역 공헌도에 따라 용적률을 완화해 줌으로써 민간 사업의 촉진 유도

▣ 민간 도시 재생 사업 인정 제도

- 도시 재생 긴급 정비 지역 내 0.5ha 이상의 도시 개발 사업을 시행하는 민간 사업자가 사업계획을 작성, 국토교통대신으로부터 승인시 해당 사업에 대해 민간도시개발추진기구의 금융 지원을 받을 수 있는 제도
- 민간 도시 재생 사업의 인정 기준

① 해당 도시 재생 사업이 도시 재생 긴급 정비 지역 내 시가지 정비 추진 시 긴요하고 도시 재생에 현저히 공헌할 것

② 건축물 및 부지의 공공시설 정비 계획 등이 지역 정비 방침에 적합할 것

③ 공사 착수 시기, 사업 기간 용지 취득 계획 등이 도시 정비 계획상 다른 사업과 동시에 시행하는 것이 적합한 경우 등

(7) 일본 도시 재생의 특징 - 복합 도시 기능의 도시 정책

▣ 버블 경제 이후 1980년부터 본격화된 일본 도심 재생 사업은 종전 주거, 상업 등 단일 기능의 도시 개발에서 벗어나 복합 도시 기능을 수행하게 됐다는 점이 가장 큰 성과

▣ 유동 인구를 집중시켜 경제 자립도를 충족시킴과 동시에 지역 경제를 견인했으며, 민관 합동형 PF 사업의 발전을 유도하기 위해 다각적인 민관 조율 과정에서 종합적인 도시 정책의 기준이 마련됨

특징	내용
경제 환경의 변화	- 1980년대 경기 저성장기 이후 1990년대 버블 경제 위축 - 투자 수익 하락에 따른 개발 사업 지연(개발 인허가 이후 착공까지 수년 시간 소요) - 주택 용지의 선 시공 이후 상업 용지의 개발 계획을 다각적으로 변경하여 사업 수행
정부 지원 확대	- 개발 프로세스에 다양한 예외 규정을 폭넓게 적용해 재개발 사업을 육성 - 토지 공급자 역할, 건축 규제 및 재정적 지원 역할, 거리 조성 등 개발 방향성 제시 역할 - 직접 개입과 비구속적인 수단을 통한 간접 개입 등 다양한 정부 관여로 높은 개발 공헌도
다양한 PF 사업	- PF 통한 자금 조달 수단 다양화로 부동산 개발 사업의 양적 증가 - 비소급대부(Non Recourse Loan)를 통해 적극 사업 전개 - SPC 설립을 통한 부동산 증권화로 자금 조달
공간 디자인 개발	- 공간 디자인의 일체감과 통일성 부여를 통한 주거·상업 복합 개발 방식으로 개발 사업의 가치 상승 - 재개발 지역의 완성 후 개발 지구 전체를 브랜드화 - 개발 주체가 개발 사업에 대한 디자인 일체감 조성을 위해 조정 작업을 통해 의견 조율
건축 제한에 대한 대응	- 용적률 할증 제도로 인한 건물 고층화의 폐해에 대해 슬기로운 해결책 모색 - 재개발 추진위원회가 설정한 층고 가이드 라인에 대한 자발적 준수 - 역사적 건축물에 대한 보존 비용을 인접 빌딩의 용적률로 이전시키는 다양성
운영 주체의 단일화	- 사업 준공 이후 운영 관리를 법인 명의로 공동 시행하여 도심 활성화에 대한 효율성 극대화 - 통일적인 관리 운영 수월, 지구 전체의 브랜드화 전략 - 개발 주체가 단일이든 다수이든 관리 운영은 공동으로 수행
매력적인 도시 개발	- 대규모 재개발과 도심 재생 사업의 문제점에 대한 다양한 연구 결과를 사업에 반영 - 초고층 빌딩과 맨션에 대한 충분한 효용 가치 부여로 대규모 개발 사업에 대한 동기 부여 - 매력적인 도시 개발을 위해 경관 조성에 많은 의미를 부여해 전체적인 조화를 유도

(8) 일본 도심 재생 사업의 모델별 특징

▣ 도시 인프라와 건축물을 동시 또는 구획별로 재생하는 방식에서 출발해 점차 인프라가 정립되어 있는 지역 내에서 상호 협력 개발

외과적 최적 모델	
개발 정의	낙후된 재개발 지역에 대한 지역 단위 개발 방식의 개발 모델
사업 방식	외과적 일체 정비형 사업과 구획 정비형 사업으로 구분
진행 방향	초고층 빌딩에서 디자인 측면에서 가치가 있는 저층 건물을 선호
개발 사례	오모테산도 힐즈와 같은 시가지 재개발 사업 (지하 3층, 지상 6층 규모의 거주 및 상업 시설)
외과적 일체 정비형 모델	
개발 정의	지하, 녹지 공간, 광장 등 인프라와 건물을 동시 정비·개발 모델
사업 방식	대규모 프로젝트- 자금 조달 위해 사전 기획 단계 및 PF 중요
진행 방향	전체적인 도시의 통일성과 녹지 등 공공 기능을 중시
개발 사례	롯폰기 힐즈, 도쿄 미드타운, 아크 힐즈, 에비스가든, 하루미
외과적 구획 정비형 모델	
개발 정의	구획별로 개별 정비가 진행되는 개발 모델
사업 방식	각 빌딩마다 시행사 상이, 자금 조달이 용이한 반면 최고의 용적률 확보를 위해 경쟁
진행 방향	개발 지구 내 전체적인 통일감이 부족하며(난개발에 대한 위험), 준공 후 일괄적 운용이 어려움
개발 사례	시오도메, 시나가와 동구
협력적 최적 모델	
개발 정의	철거를 통한 대규모 재개발이 아닌 지역 경쟁력을 확보하는 수준에서 협력을 통한 점진적 개발 모델
사업 방식	구건물을 유지한 채로 거리, 광장, 녹지 개발 등 시너지를 통해 재개발 지역의 가치 상승 유도
진행 방향	초고층 빌딩 건설에 대한 선호도가 낮아지고 있으며, 2004년 경관법 발효로 고층빌딩 건립에 제한
개발 사례	신주쿠구, 마루노우치

출처: 동경프로젝트(히라모토 카즈오)

(9) 도쿄 도시 재생 정책 사례 시사점

▣ 빠른 도시화로 자연, 환경, 역사, 문화, 거주, 소통하는 도시로 변화

▣ 복합 건축물을 통한 다양한 용도 복합

- 복합 토지 이용뿐만 아니라 단일 건물 내 업무, 상업, 컨벤션, 호텔, 레지던스 등 다양한 용도 복합

▣ 도시 입체화에 의한 접근성 및 토지 이용 극대화

- 도로 등 기존 교통시설 상부 활용, 부족한 도심지 내 토지 확보 및 접근성 제고

▣ 장기적 사업 목표를 가지고 다양한 이해 주체들의 합의에 근거한 사업 추진으로 실패 요인 최소화

- 재개발계획추진협의회, 마치즈쿠리 간담회, NPO 법인 에어리어매니지먼트협회 등

▣ 민간 디벨로퍼에 의한 타운 매니지먼트

- 민관 협력 등을 위해 디벨로퍼를 '사업 협력자'로 지정하고 다양한 사업 방식 채택

▣ 선택과 집중에 의한 도시 재생 및 재개발

▣ 민간 자본이 전체적인 개발을 담당, 정부 및 공공기관의 과감한 규제 완화

※ 일본 정부의 핵심 도시재생전략은 민간의 힘을 빌렸다는 것

- 'UDC(어번디자인센터)'를 만들어 학계와 연계한 도시 재생을 주도(데구치 아쓰시 도쿄대 교수)
- "일본의 도시 재생, 경제발전을 주도한 것은 자기 땅을 가진 미쓰비시, 미쓰이, 모리 등 대형 부동산 디벨로퍼들이었다"며 이들이 개발에 나서면서 소극적이던 관도 움직이기 시작, 학교, 소규모 디벨로퍼까지 나서 "동시 다발적 프로젝트 가동이 가능했다"고 설명
- "'관(官)'이 주도하는 도시 개발, 도시 재생 개념은 더 이상 유효하지 않다는 걸 보여 준 것" 이라고 설명

▣ 규제 완화

- 도시 중심부라고 할 수 있는 곳은 일반 주거지나 외곽지와 달리 파격적인 혜택을 주고 규제를 완화
- 도심은 역사 문화 유적들이 몰려 있는 경우가 많아 개발과 보존 사이에서 이슈 제기. 일본 지진이 워낙 잦아서 내진 기술이 발전하기 전까지 건물 최

고 높이는 33m였으나 옛 건물을 보존하면서 새로운 도시의 얼굴을 만들기 위해 저층부 높이는 33m로 일정하게 맞춰 기존의 건물 형태나 의미를 보존하고 복원하면서 그 위에 고층부 건물을 올리는 정책 마련(마루노우치 사례-2차 세계대전 당시 폭격을 맞은 후 다시 지은 도쿄역과 왕궁을 끼고 있는 마루노우치 일대)

- 시부야 역 인근 히카리에 빌딩은 용적률 유연성을 통해 극장 '오브', 지역 주민을 위한 대규모 이벤트홀, 청년 예술가 양성을 위한 '크리에이티브 스페이스' 등을 포함시켜 용적률을 올리는 기부채납으로 인정받음

※ "일본의 전통예술인 가부키를 보여 줄 수 있는 극장이나 공간을 만든다거나, 국제 비즈니스 기능을 건물에 도입한다거나, 지진에 강한 내진 설계를 한다거나, 광장을 만드는 것 등 모든 게 용적률을 높일 수 있는 공공 기여"

Shifting focus of urban development to diversity and comfort

○With rapid urbanization, Tokyo has grown into a megalopolis

○Key viewpoints of urban development

Harmonizing with nature, environment, history and culture, liveliness, barrier-free, etc.

출처: Urban Redevelopment in Tokyo, 도쿄도청

○ “Selective” and “focused” urban development

- Promote active development in Center Core Area (center and sub center of Tokyo)

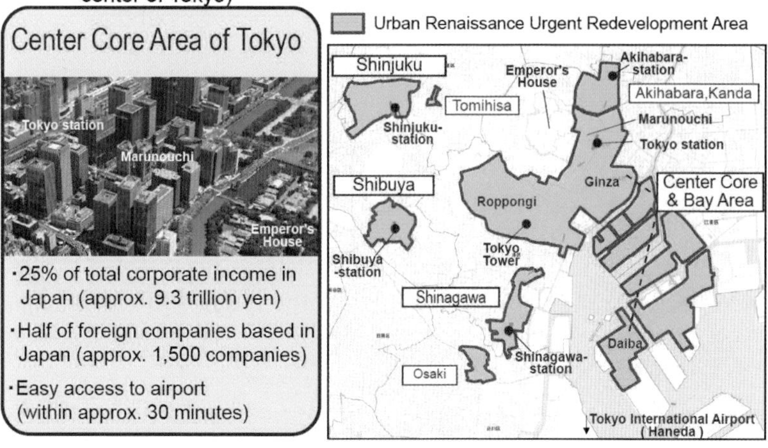

출처: Urban Redevelopment in Tokyo, 도쿄도청

■ 도시 재생 특별지구 지정

- 역사와 문화를 살려 전통성과 현대성을 동시에 아우르는 도시 정책 수립

· 도쿄역 활용. (구)중앙우체국 재개발(키테), 니혼바시 재개발 시 흔적 남기기 등

※ 1. 일본 도시 재생은, 도쿄는 일본 대표 국제 업무 생활 도시로, 지방도시는 지역성을 잘 살려 역사·문화적 가치를 보존하면서 또 다른 경쟁력을 가지는 도시로 육성하는 투 트랙 전략

2. 해외 창조적 인재와 기업을 도쿄로 끌어들이는 것이 도쿄 도시 재생의 궁극적인 목표. 창조적 인재와 기업은 친환경적이면서도 다양한 문화를 포용하고 자연스러운 교류가 가능해야 하며 가족들도 불편 없이 생활할 수 있는 높은 품질의 주거 환경이 있어야 함. 도쿄가 새로운 시대에 맞는 ‘글로벌 인프라 구축’을 도시 재생의 핵심으로 내세운 이유 중의 하나

5. 일본 복합 개발 특징과 현황

(1) 복합 개발의 특징적 요인

▣ 부동산 버블이라는 커다란 경험이 있었음

▣ 부동산 가격 급등 및 하락에서 지역적으로는 대도시가, 시설은 상업 시설이 주도했음

▣ 버블 붕괴 이전의 대도시 확산 및 교외화가 버블 붕괴 후 도심으로 회귀하려는 추세로 바뀌었음

▣ 주거 지역 선택에서 교육 환경이라는 요인이 한국과 같이 강하게 작용하고 있지 않음

(2) 개발 입지의 변화

▣ 버블 이전의 도심 지역 개발이 버블기에는 억제되었으며, 버블 붕괴 후 다시 도심 지역 개발이 진행되어 왔는데 이는 지가가 급등하는 시기에는 상대적으로 가격 상승의 기대치가 높은 도심 지역의 개발은 상대적으로 어려우며, 반대로 지가가 급락하는 시기에 도심 지역 개발이 상대적으로 용이하다는 점을 시사

(3) 개발 시설 구성비의 변화

▣ 버블 이전에는 도심에는 상업계의 성격이 강하고, 도심에서 벗어날수록 주택계의 성격이 강해지는 일반적인 개발 패턴에 상응하는 개발이 이루어져 왔으나, 버블 붕괴 후에는 도심에 주택계의 성격이 강한 개발이 활발하게 이루어짐

▣ 이는 도심의 상업 시설 포화로 인한 수익성의 악화와 더불어 도심형 주택에 대한 수요의 증대, 그리고 상업 시설에 비해 상대적으로 낮은 주거 시설의 사업 리스크 등 여러 가지 복합적인 영향

▣ 위와 같이 버블기에는 대도시 도심부에 대규모 복합 단지 개발이 어려운 상

황이었으며, 또한 버블 붕괴 후에도 수년간은 토지의 가격 상승에 대한 기대 심리가 상당수 소유자에게 남아 있어서 개발 여건이 성숙하지 못했고, 버블 붕괴 후 10여 년이 지나서야 어느 정도 개발 여건이 조성될 수 있었음(롯폰기 힐즈가 17여 년의 사업 기간을 두고 2003년에 완공됐지만 실제 본격적인 사업 진행 기간은 4~5년밖에 되지 않은 것을 통해 간접적으로 짐작할 수 있음)

※ 롯폰기 힐즈의 성공으로 연이어 대규모 도심의 복합 단지 개발 사업이 이루어졌으며, 대다수의 사업들이 성공을 거두고 있음. 결국 일본의 중소 도시는 아직도 버블의 연장선상에 있으며 대규모 복합 단지를 개발할 여건이 성숙되기에는 상당한 시간이 소요될 것으로 예상됨

■ 주요 대규모 프로젝트 개요

시설명	도쿄미드타운	신마쿠노우치빌딩	미드랜드스퀘어	난바파크
소재지	도쿄	도쿄	나고야	오사카
사업자	미쓰이부동산(주)	미쓰비시지쇼(주)	토우와부동산(주)	南海都市創造(株)
투자액	약 3,700억 엔	약 900억 엔	-	784억 엔
지구 면적	68,891m^2	10,000m^2	195,000m^2	33,729m^2
용도 지역	상업 지역, 제2종 주거 지역	상업 지역	업무, 상업	상업 지역
주용도	오피스, 상업, 주거 등	오피스, 상업	오피스, 상업	오피스, 상업
연면적	563,801m^2	195,000m^2	193,450m^2	243,800m^2
점포 면적	24,200m^2	16,000m^2	11,800m^2	51,800m^2
상업 비율	4.3%	8.2%	6.1%	21.2%
점포 수	132점포	153점포	60점포	238점포
연간 고객 목표	3,000만 명(전체)	2,000만 명(상업)	1,600만 명(전체)	2,100만 명(상업)
연간 매출	300억 엔(상업)	220억 엔(상업)	160억 엔(상업)	269억 엔(상업)

국토연구원, 국토정책 Briief, 2012.10

(4) 아시아 헤드쿼터 특구를 통한 국제경쟁력 강화

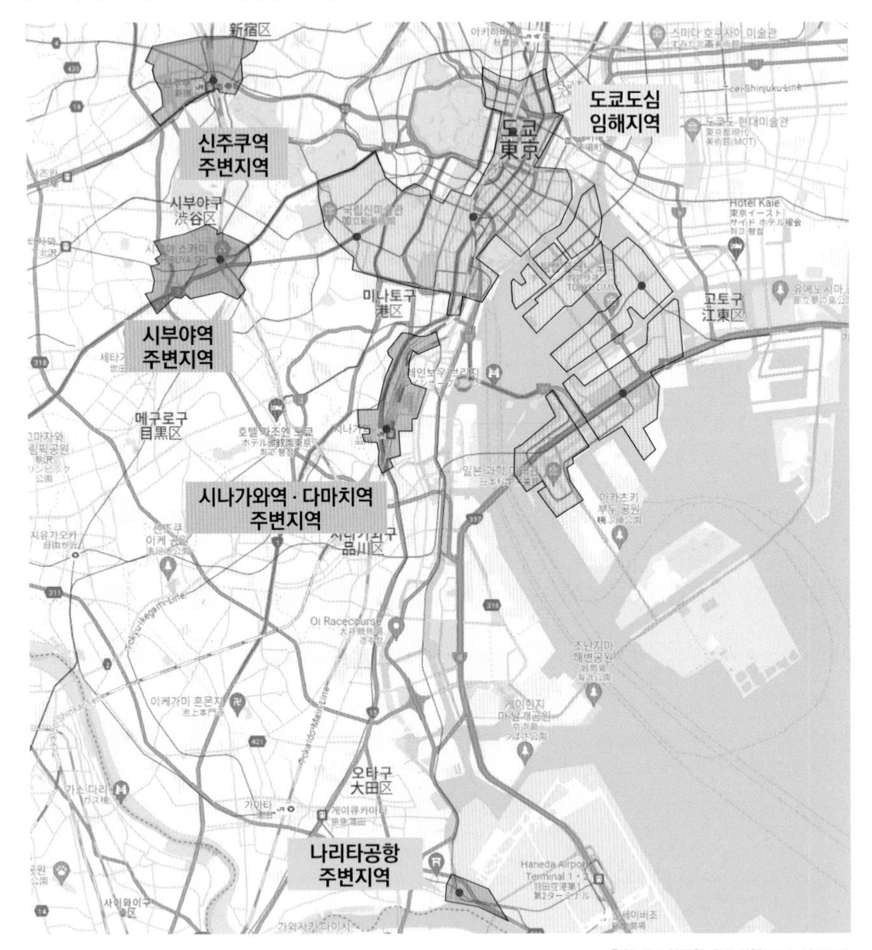

출처: 국토연구원, 국토정책Brief, 2012.10

■ 경제 성장 동력 산업 및 외국계 기업 등의 집적을 촉진하고 국가경쟁력을 강화하기 위해 규제에 대한 특례 조치, 세제·재정·금융상의 지원 조치 등의 종합적인 지원이 가능한 '국제 전략종합특구'(도쿄도〔都〕가 승인 신청한 지구 명칭은 '아시아 헤드쿼터 특구') 지정을 승인해 줄 것을 중앙정부에 요청, 2011년 12월 23일 중앙정부로부터 최종 승인을 받음

▣ 도(都)는 아시아 헤드쿼터 특구를 아시아 지역의 비즈니스 총괄 및 연구 개발 거점으로 육성할 예정이며 이를 위해 5년간 50개 이상의 국내 기업과 500개 이상의 외국 기업을 유치할 계획으로 약 220조 원의 경제 효과와 약 93만 명의 고용 유발 효과를 거둘 수 있을 것으로 예상함

▣ 대상 지역: 도쿄 도심 5개 지역 25.9km² 순환2호선 신바시·아카사카·롯폰기 지역, 하마마쓰초 역 주변 지역, 신주쿠 역 주변 지역, 시부야 역 주변 지역, 시나가와·다마치 역 주변 지역 등

▣ 유치 업종: 정보통신, 의료·화학, 전자·정밀기계, 항공기 관련, 금융·증권, 콘텐츠·크리에이티브 등 도쿄의 성장을 촉진하는 산업 분야

※ 도쿄 도심의 '아시아 헤드쿼터 특구'를 비롯 총 7개 '국제전략총합특구' 선정. 도쿄권에 3개소, 오사카권, 나고야권, 삿포로권, 히로시마권, 기타큐슈·후쿠오카권에 각 1개소 지정

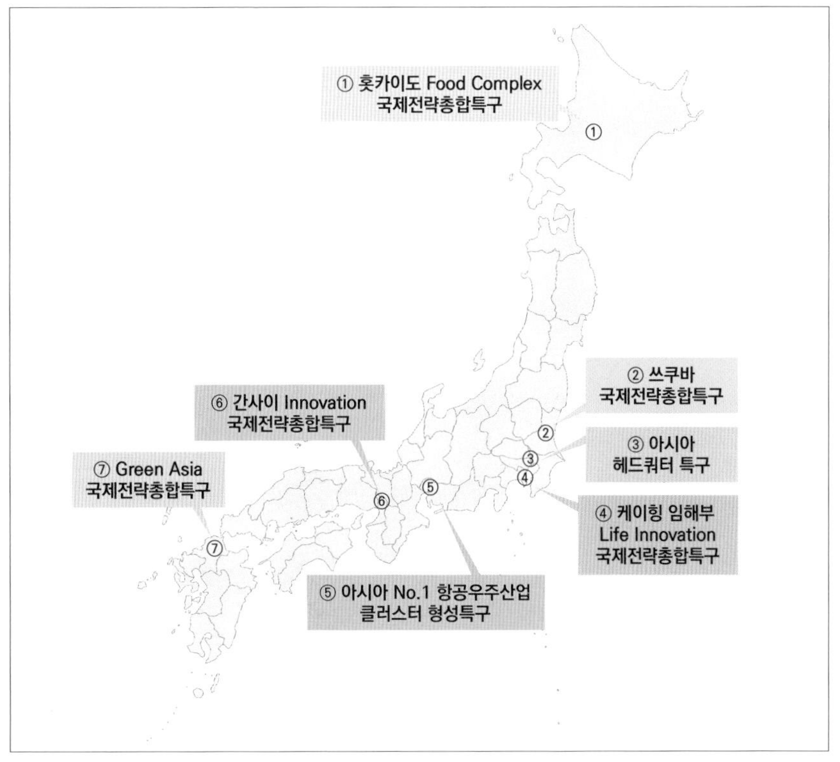

• 일본 국제전략총합특구 위치도

출처: 국토연구원, 국토Brief, 2012.10

▣ 주요 상세 내용

주 사업 내용	실천 방안
종합 특구 실현 목표	① 서양 다국적 기업과 아시아 성장 기업의 사업 총괄 부문이나 연구 개발 부문을 도쿄로 유치 ② 외국 기업 유치의 전제로서 높은 방재 대응 능력과 자립·분산 에너지 네트워크 구축 ③ 유치한 외국 기업과 국내 기업이 자극하고 서로 고부가가치를 창출하는 무대를 마련, 신기술 서비스를 창출하는 매력적인 성장 시장을 형성
국가와 지방에서 공유하는 포괄적이고 전략적인 정책 과제	① 비즈니스 환경 정비 - 법인 설립, 상관습, 금융, 회계, 법적 지원 ② 생활 환경 정비 - 외국인 가족 의료, 교육, 주거 환경 지원 ③ 도시 인프라 정비 - 각종 재해·재난 지원, 에너지, 업무 인프라 지원 ④ 유치 사업 교류 활동 - MICE, 국내 기업과의 교류 지원
상기에 관한 사업 중 새로운 규제의 특례 조치 등에 관한 것에 대해서는 신청자 제안을 바탕으로 국가와 지방의 협의의 장에서 협의의 의제로 관계 부처는 협의 결과를 토대로 관계 기관과 조정을 도모, 필요한 조치를 강구	

일본 주요 디벨로퍼의 개발과 전략

1. 일본 주요 디벨로퍼 개관

▣ 일본 최대 부동산 회사이자 니혼바시 지구에 기반을 둔 미쓰이부동산
▣ 도쿄역과 왕궁 사이 위치한 일본 제1업무지구를 기반으로 하는 미쓰비시지쇼
▣ 도심복합재개발사업을 기반으로 하는 롯폰기 힐즈로 유명한 모리빌딩
▣ 철도와 유통, 부동산업을 함께하는 특이 사업 모델의 시부야 도큐부동산

구분	미쓰이부동산	미쓰비시지쇼	모리	도큐부동산
주요 특징	- 에도 상인 정신 - 일본 최대 디벨로퍼	- 최고 입지 확보 - 재벌계 디벨로퍼	- 도심 재개발 중심 - 선택과 집중의 도전 디벨로퍼	- 부동산 및 철도 산업과 연계한 디벨로퍼
회사 개요	- 1914년 설립 - 자본금: 3,400억 엔 - 매출액: 21조 엔 - 보유 자산: 8조 엔 - 관계 회사: 275개	- 1937년 설립 - 자본금: 1억 4,000만 엔 - 매출액: 1,350억 엔 - 보유 자산: 6조 4,000억 엔 - 계열사: 232개	- 1959년 설립 - 자본금: 795억 엔 - 매출액: 2,500억 엔 - 보유 자산: 3조 엔 - 계열사: 21개	- 1922년 설립 - 자본금: 776억 엔 - 매출액: 9,900억 엔 - 보유 자산: 2조 6,000억 엔 - 계열사: 172개
주요 프로젝트	- 미드타운 - 아카사카 사카스 - 가와사키 라조나 - 니혼바시	- 마루노우치 지구 - 시나가와 그랜드 커먼스 - 오다이바 - 아쿠아시티	- 롯폰기 힐즈 - 도라노몬 힐즈 - 오모테산도 - 아크 힐즈 - 긴자식스 - 아자부다이 힐즈	- 시부야 - 후타코타가마

출처: 각사 홈페이지 2023

2. 일본 주요 디벨로퍼 전략

(1) 타운 조성과 타운 매니지먼트 전략 사용

▣ 복합 개발에 의한 타운 조성과 타운 매니지먼트에 의한 지속적인 지역 활성화 및 자연스러운 지역 가치의 상승 견인

마루노우치 미쓰비시지쇼

도쿄미드타운 미쓰이부동산

롯폰기 힐즈 모리빌딩

출처: 모리빌딩 도시기획

(2) 고수익성 디벨로퍼 사업

▣ 저성장 및 과다 경쟁 시장인 부동산 상황에서 사업 다각화 및 차별화

▣ 안정적 수익 구조 장기간 확보

▣ 업체별 수익률

① 슈퍼제네콘: 수익률 2%대

- 핵심 역량 건축 기술 강화
- 도급 사업 치중

② 대형 디벨로퍼: 수익률 10%대

- 도심 재생 사업, 복합 개발 등 개발 역량 강화
- 자산 관리 및 주변 사업 부문 확대
- 사업 포트폴리오 다각화

③ 주택 전문 업체: 수익률 4%대

- 주택 원가 절감, 생산 방식 다양화
- 임대, 관리, 중개 등 수수료 사업 및 서비스 강화

(3) 일본 종합 디벨로퍼의 사업 구조(출처: Mori Building)

▣ 개발 관리 운영, 부동산 개발 전 단계에 걸친 업무 수행 가능

① 개발: 프로젝트 기획. 인허가, F/S, 재원 조달 기획

② 설계: 설계(단지/건축), 상품 특화 계획, 상환경 계획,

③ 마케팅: 임대(Leasing), 브랜딩 전략, 활성화 전략

④ 타운 매니지먼트: 타운 개념의 일체 운영

⑤ 건물 매니지먼트: 건물 관리 및 운영

▣ 프로젝트의 기획, 설계, 인허가 및 테넌트 유치 등 관리 운영에 걸친 부동산 개발 사업의 전 과정을 인하우스 체제로 실시함

▣ 각 단계에서의 결과를 검증 및 상호 피드백을 통하여 부동산 개발~운영까지의 노하우 축적 및 상품성 강화

▣ 일관성 및 종합적 매니지먼트

① 개발 단계: 재개발 기획, 관계 당사자 합의 및 종합 코디네이터
② 프로젝트 매니지먼트: 상품 기획 설계, 시공 운영 체제 구축, 프로모션 일체화
③ 프로퍼티 매니지먼트: 개성, 도전적 상업 시설 운영 및 효율적 시설 관리
④ 타운 매니지먼트: 거리 전체의 브랜딩 및 프로모션 활동 전개

· 마케팅 리서치 전략-상품 기획-프로모션-임대-입주-운영 관리-퇴거 프로세스를 통하여 일관된 상품 기획 및 임대 운영 관리로 고만족도 및 고가동율의 지속적 유지를 이끌어 냄

(4) 일본 디벨로퍼의 사업 전략

▣ 초기 코어사업(오피스 사업)의 확립과 지속적인 경쟁력 강화

▣ 시대의 변화에 발맞춘 사업 다각화

※ 오피스 > 복합(상업)주택 > 문화 > 타운 매니지먼트

▣ 사업지 선택과 집중 및 복합 개발화에 의한 복합 개발 및 No.1 지위의 획득과 전체 사업성 강화

▣ 개발(하드)과 운영(소프트) 부문의 균형적 발전과 시너지 효과

▣ 기획에서 관리 운영 전 부문에 걸친 인하우스 체제로 상호 피드백 효과 및 상품 강화

▣ 타운 매니지먼트를 통한 일체화된 관리 운영 및 브랜드화

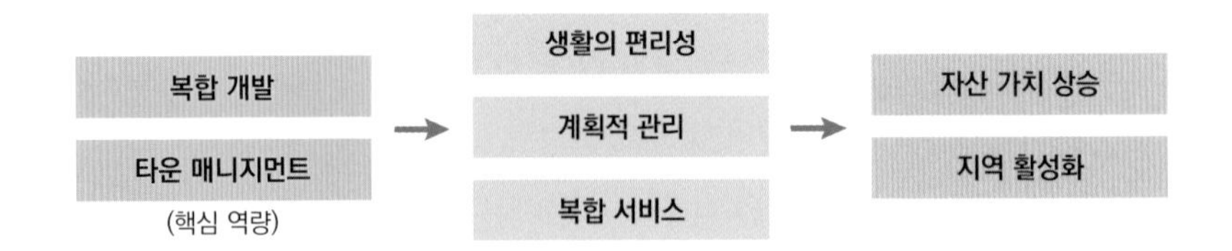

• 타운 매니지먼트 전략을 통해 타운 관리 및 임대 수익 관리

(5) 일본 대형 디벨로퍼의 국가전략특구 제안

출처: 모리빌딩 도시기획

3. 일본 주요 디벨로퍼사 소개

1) 모리빌딩사

(1) 사업 내용

- ▣ 전략적인 개발지인 롯폰기, 도라노몬을 중심으로 한 재개발 사업에 주력
- ▣ 모리빌딩은 미쓰이나 미쓰비시와 달리 부동산업만을 전문으로 하는 회사, 관련 모 그룹사가 없기에 지역 주민을 끊임없이 설득해 땅을 확보하고 사용자 입장에서 상품을 고민하여 새로운 부동산 흐름을 창출함
- ▣ 중심부가 아닌 곳에서 지역 개발에 성공한 대표주자는 모리빌딩, 낡은 유흥

가와 업무 지구를 외국 기업과 인재들이 선호하는 국제업무지구로 성장시킨 결과가 롯폰기와 도라노몬 빌딩

▣ 1986년 일본 최초의 복합 재개발 사업 아크 힐즈를 성공시킨 이후 2003년 롯폰기 힐즈, 2006년 오모테산도 힐즈, 2014년 도라노몬 힐즈까지 일관되게 복합 개발과 타운 매니지먼트라는 종합적인 개발 및 운영을 성공시킴

▣ 최근엔 도라노몬 지구에 도쿄도와 협업하여 60년간 집행되지 못하던 하네다 공항과 도심을 연결하는 도시계획 간선도로의 정비를 이끌어 냄

(2) 사업 경과 및 철학

▣ 마을만들기(まちづくり)의 비즈니스화 및 타운 브랜드 힐즈 창출

▣ 수직 정원 도시, 직주 근접의 컴팩트 시티

2) 미쓰이부동산 그룹

(1) 사업 내용

▣ 미쓰이부동산은 업계 매출 1위 기업으로 상업, 오피스 개발, 주택, 호텔, 리조트 등 다양한 사업 활동 추진

▣ 사업 부문은 임대, 분양, 매니지먼트(관리·중개), 주택, 기타

▣ 사업 부문별 매출 구조의 균형과 안정적인 수익 및 성장세를 유지

▣ 니혼바시를 개발한 미쓰이부동산은 에도 시대 최대 번화가였지만 근대화 흐름 속에 긴자와 마루노우치에 밀려 나날이 쇠퇴하고 있던 니혼바시 지구에 지역 재생 사업과 이 지구의 콘텐츠적 장점을 결합해 재개발하는 식의 마스터 플랜을 세움

▣ 미쓰이부동산은 본사 빌딩을 2005년 복합 재개발해 이 지역의 가치를 먼저 알리고 이와 연계해 주변 상인 및 땅 주인들과 협력해 '코레도' 시리즈 복합 개발 프로젝트를 완성함. 노인들만 찾던 이 지구는 고층 복합 문화시설을 통해 에도 시대 문화를 세련되게 반영하자 젊은이들이 북적이는 곳으로 변신함

(2) 사업 경과 및 철학

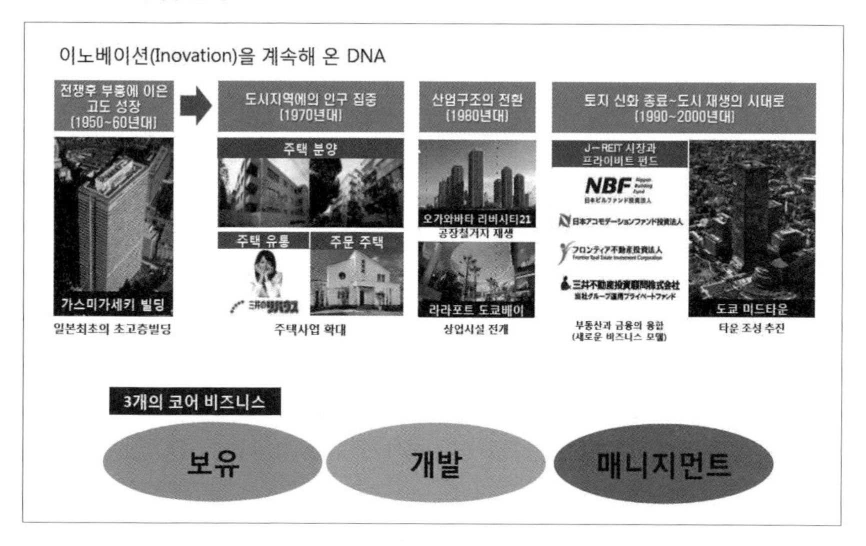

3) 미쓰비시지쇼

(1) 사업 내용

▣ 미쓰비시지쇼는 매출액 규모 일본 2위, 순이익 규모 1위 기업으로 오피스·빌딩 개발, 주택, 도시 개발 등

▣ 1894년 도쿄 마루노우치에 본격적 오피스 빌딩 시작, 특히 1998~2017년까지 도쿄 중심부 도시 재생 사업 진행

▣ 2002년 도시재생특별법이 통과하자 도쿄도와 손을 잡고 과감한 규제 완화를 이끌어 내면서 개조 작업에 나섬

▣ 2002년 미쓰비시 그룹 본사 건물인 '마루 빌딩' 재개발을 시작으로 2004년 오아조 개발, 2007년 신마루 빌딩, 2009년 파크타워, 2013년 중앙우체국 재개발, 2016년 호시노야호텔 오픈까지 큰 포석 속에서 체계적이고 연쇄적인 사업을 이끌어 내면서 완전히 새로운 국제업무 지구이면서 역사성과 공공성, 그리고 민간사업성 모두를 충족시키는 도시 재생 성공지구를 만듦

(2) 사업 경과 및 철학

▣ 사람을 생각하는 힘, 도시를 생각하는 힘

▣ 밸류 체인(Value Chain)의 강화

- 하드·소프트(서비스) 일체화로 고객을 위한 가치 창출을 목표
- 소프트 파워의 강화를 통해 쾌적한 시간과 공간을 연출하는 서비스 제공
- 매니지먼트(AM·PM)→디벨럽먼트→임대 및 판매→매니지먼트 선순환

4) 도큐부동산홀딩스

(1) 사업 내용

▣ 철도회사(도쿄급행전철(주))를 모태로 하는 종합 부동산회사로 도큐 그룹의 핵심 기업

▣ 주로 도쿄급행전철이 지나는 노선 주변 역세권 개발에 중점을 두고 있는 반면 도큐부동산은 도심 개발에 중점을 두고 있음

▣ 도큐부동산은 도큐 그룹의 본거지인 시부야 역 주변 일대 재개발 사업에 역량 집중

(2) 사업 경과 및 철학

▣ [도전하는 DNA] 창업 정신과 지속적으로 가치 창조 실현 지향

4

도쿄의 주요 랜드마크

1. 아자부다이 힐즈

글로벌 미래 복합 도시 모델 - 주거, 상업, 호텔, 학교, 문화 복합 개발

1. 프로젝트 개요

▣ 麻布台ヒルズ. 모리빌딩부동산개발회사에서 글로벌 도시로 발돋움하기 위해 34년간 진행한 자연과 도시의 공존을 꿈꾸는 컴팩트한 도시 복합 개발 프로젝트

▣ 330m인 일본 최고의 마천루 빌딩을 포함한 주거, 상업, 호텔, 학교, 문화 복합 개발 단지로 사람을 위한 녹지 공원을 중심으로 열린 공간으로 만들고 새로운 커뮤니티를 구축한 미래형 글로벌 컴팩트 복합 도시 모델임

▣ 아자부다이 힐즈 지역은 8.1ha의 광대한 계획 구역으로 구릉이 많고 소규모의 목조 주택이나 빌딩이 밀집한 지역임. 건물의 노후화로 도시 개발 필요성이 제기되어 1989년 300여 명의 지주들로 재개발도시협의회가 조직된 이후 2017년 국가전략특구법 도시계획 승인, 2019년 8월 5일 착공, 2023년 11월 24일 준공 과정을 거침

▣ 아자부다이 힐즈 프로젝트는 아크 힐즈, 롯폰기 힐즈, 도라노몬 힐즈 프로젝트와 더불어 국제적인 도쿄를 만들어 가는 모리빌딩의 핵심 전략 개발 사업임

출처: www.mori.co.jp/en/projects

▣ 프로젝트 주요 개요

구분	내용
계획 명칭	도라노몬 - 아자부다이 지구 제1종 시가지 재개발 사업
위치	도쿄도 미나토구 도라노몬 5가, 아자부다이 1가 및 롯폰기 3가
개발 구역 면적	약 8.1ha
부지 면적	약 63,900m^2 - 아자부다이 힐즈 모리 JP 타워 약 24,100m^2 - 아자부다이 힐즈 레지던스 A 약 16,500m^2, 14~53층 320세대 - 아자부다이 힐즈 레지던스 B 약 9,600m^2, 6~64층 970세대 - 가든 플라자 A, B, D 약 12,000m^2
건축 면적	37,100m^2
연상 면적	약 861,700m^2 - 아자부다이 힐즈 모리 JP 타워 약 461,800m^2 - 아자부다이 힐즈 레지던스 A 약 169,000m^2 - 아자부다이 힐즈 레지던스 B 약 185,300m^2 - 가든 플라자 A, B, D 약 43,800m^2
사무실 면적	약 214,500m^2
녹화 면적	약 24,000m^2
주택 호수	약 1,400호
점포 면적	약 23,000m^2
용도	사무실, 주택, 점포, 호텔, 문화 시설, 영국국제학교, 클리닉 등
층수(높이)	- 아자부다이 힐즈 모리 JP 타워 64층, 330m - 아자부다이 힐즈 레지던스 A 54층, 240m - 아자부다이 힐즈 레지던스 B 64층, 270m - 가든 플라자 A, B, C, D 약 41m
착공/준공	2019년 8월/2023년 11월
디자인	모리빌딩(주)
시공	시미즈 건설(주), 미쓰이 스미토모 건설(주), (주)오바야시 조 등
시행	시행자: 도라노몬 - 아자부다이 지구 시가지 재개발 조합 특정 건축자: 모리빌딩(주)

2. 개발 경과

- ▣ 아자부다이 언덕 유적지는 동쪽에서 서쪽으로 이어지는 길고 좁은 지역을 포함하고 있으며, 원래는 복잡한 지형의 언덕과 계곡으로 나누어져, 작고 오래된 목조 주택과 건물이 밀집해 있어 상당수가 노후화되어 도시 재개발 필요성 대두
- ▣ 1989년 300여 명의 지주들이 협력해 재개발도시협의회를 설립한 이후 다양한 도라노몬~아자부다이 지역을 30년 이상 논의하고 계획하여, 2017년 국가전략특구법에 의거 도시계획이 승인되어 도라노몬·아자부다이 지구 도시재개발조합 설립 승인에 따라 2019년 8월 5일 착공, 2023년 11월 24일 개관
- ▣ '모던 어반 빌리지(Modern Urban Village)'. 자연에 둘러싸여 사람을 연결하는 '광장 같은 도시' 지향
- ▣ 초고층 복합 단지로 초고층 건물과 녹지는 물론, 호텔·병원·학교·미술관·상가 등을 갖춘 '콤팩트 도시(도시 속 도시)' 개념으로 총 6,400억 엔(약 5조 6,000억 원)을 투자
- ▣ 전체 부지 8만 1,000m^2 가운데 녹지가 2만 4,000m^2에, 높이 약 330m인 모리 JP 타워와 아파트 1,400가구, 게이오대 예방의학센터, 명품 브랜드 에르메스를 비롯해 상점 150곳 등이 입점

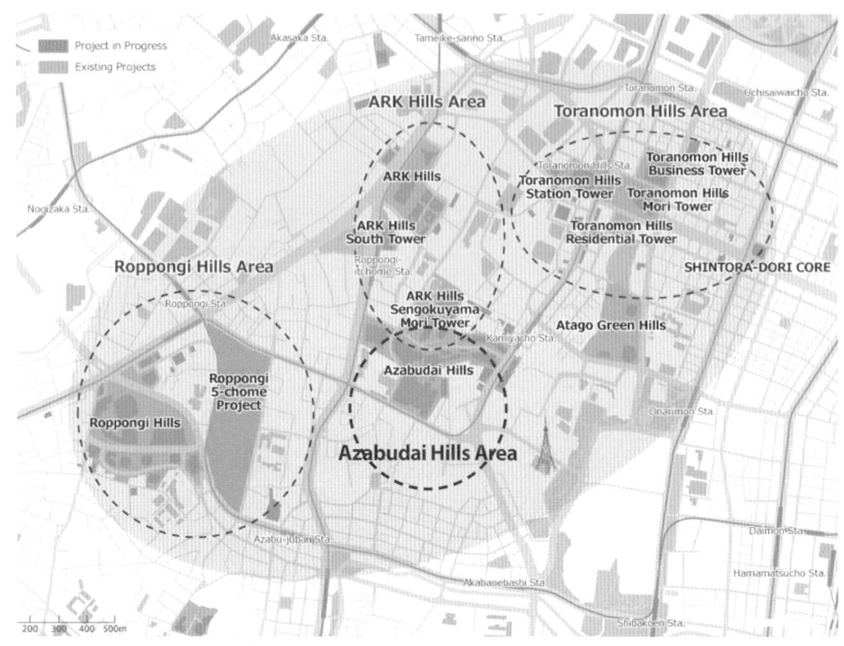

• 아자부다이 힐즈 위치(도쿄 내 모리 개발 프로젝트 중심)

• 스트릿 상가 Garden Plaza A, B, C, D동 외부

3. 개발 내용

▣ 건물 구성

출처: www.mori.co.jp/en/projects

▣ 단면도

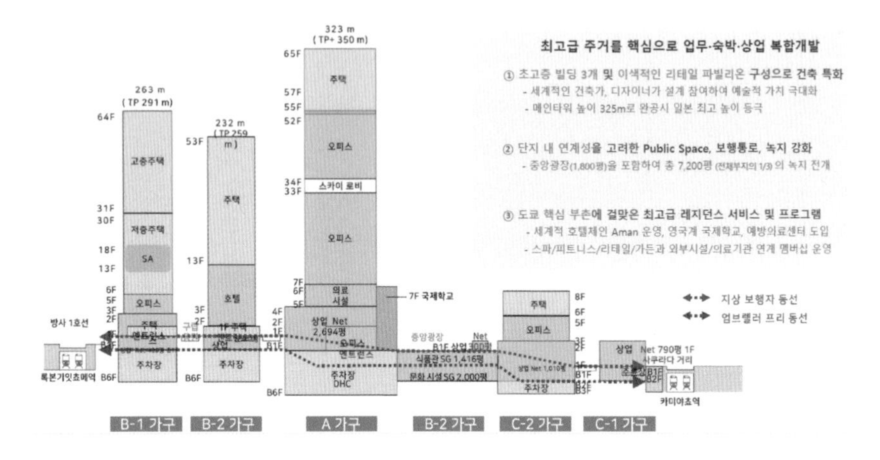

▣ 개발 개념

- '그린(Green)'과 '웰니스(Wellness)'를 목표로, 압도적인 녹색 공간으로 자연과 어우러진 환경 속에서 다양한 사람들이 모여 보다 인간답게 살 수 있는 새로운 커뮤니티 형성을 목표로 함

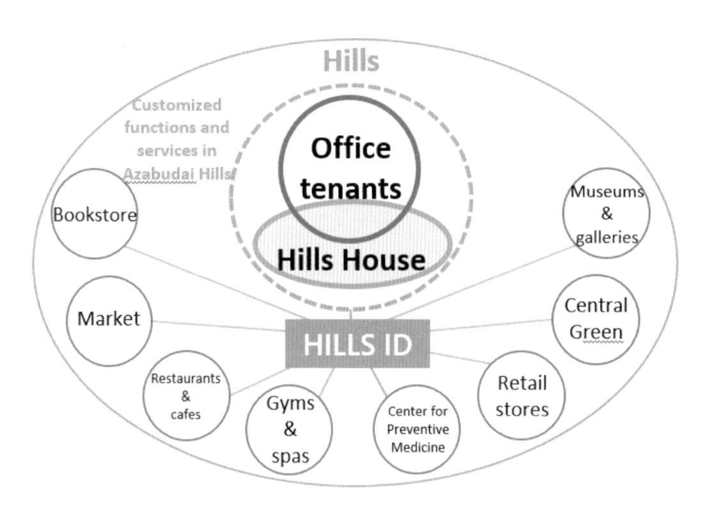

• 개발 기본 개념

1) 주거 시설

- 아자부다이 힐즈 레지던스 A의 14층부터 53층까지 320개 세대 입주자들은 1~13층에 걸쳐 Aman의 새로운 브랜드 'Janu Tokyo'가 제공하는 고품질 호텔 서비스를 이용
- 아자부다이 힐즈 레지던스 B는 6~64층에 970세대, 30m² 소형부터 400m²에 달하는 대형 평형까지 다양하며 13~18층 총 168세대의 레지던스는 단기 방문객의 요구에 맞춰 가구가 완비된 서비스 아파트로 운영될 예정
- 아자부다이 힐즈 가든 플라자 레지던스는 6~8층에 31세대 제공

2) 상업 시설

- 상업 시설은 '그린 & 웰니스'의 테마를 반영하여 다양한 라이프스타일 상가들로 구성. 메인 빌딩인 아자부다이 힐즈 모리 JP 타워 복합 쇼핑몰은 1층부터 5층까지 식당, 상가 및 게이오대학 병원 등 구성되어 있으며 주거동에서 바로 연결됨

3) 스트릿 상가 Garden Plaza A, B, C, D동

- 문화, 예술, 웰빙, 패션, 뷰티 등을 포함한 다양한 매장과 톱클래스의 레스토랑부터 캐주얼한 음식점까지 개성 넘치는 일본을 대표하는 전문점 아자부다이 힐즈 마켓 오픈

- 앱손의 고해상 프로젝터와 이미지 기술을 활용하여 대규모 몰입형 디지털 아트 뮤지엄인 팀랩 보더리스(TeamLab Borderless)를 개관했으며 20세기, 21세기를 대표하는 현대 미술 작가들의 페이스(PACE) 갤러리도 오픈함

• 페이스 갤러리

4) 광장

- 약 20%에 해당하는 2.4ha의 면적을 녹지 구성하여 물이 흐르고 넓은 잔디와 나무가 어우러져 있으며 중앙 광장에서 바라보는 경사면 녹지에는 과수원이 조성되어 귤과 블루베리 등 다양한 과수가 재배되고 채소밭이 함께 조성될 예정임

5) 럭셔리 호텔 'Janu Tokyo'

- 레지던스 A의 저층(1~13층)에는 럭셔리 고급 호텔 그룹인 아만의 자매 브랜드 'Janu Tokyo' 호텔 오픈, 122객실, 럭셔리 시설 보유함

6) 건축가 및 디자이너

- 세 개 초고층 빌딩의 외관은 세계 각국의 랜드마크가 된 초고층 빌딩을 디자인한 미국의 Pelli Clarke & Partners가 디자인했으며 공공 영역과 저층부의 독특한 건축은 토마스 헤드윅(Thomas Heatherwick) 등 세계적인 건축가 및 디자이너들이 설계함

4. 롯폰기 힐즈와 아자부다이 힐즈 모리 비교표

구분		아자부다이 힐즈(2023)	롯폰기 힐즈(2003)
지역 면적		약 8.1ha	약 11.6ha
최고 건물 높이		약 330m	약 238m
부지 면적		약 63,900m^2(약 1만 9,330평)	약 89,200m^2(약 2만 7,000평)
연면적		약 861,700m^2(약 26만 660평)	약 759,100m^2(약 23만 평)
사무실	임대 면적	약 214,500m^2(약 6만 4,900평)	약 190,870m^2(약 5만 5,000평)
	기준층	약 4,800m^2(약 1,450평)	약 4,500m^2(약 1,360평)
	취업자 수	약 2만 명	약 1만 5,000명
주택	호수	약 1,400호	약 840호
	거주자 수	약 3,500명	약 2,000명
상업	점포 수 점포 면적	약 150점 약 23,000m^2(약 7,000평)	약 210점 약 40,000m^2(약 1만 2,000평)
호텔	객실 수	122실	390실
녹화 면적		약 24,000m^2(약 7,200평)	약 19,000m^2(약 5,800평)

2. 롯폰기 힐즈 프로젝트

오피스, 주거, 상업, 문화 융복합 도시 재생

1. 프로젝트 개요

- ▣ 六本木ヒルズ project. 모리빌딩의 대표 프로젝트이자 민간에 의한 기존 기성 시가지 최대 규모의 재개발 사업. 디벨로퍼로서 시대의 요구보다 앞선, 새로운 도시 공간을 창조하여 타운 전체를 브랜드화하여 지역 가치를 제고시킨 대표 사례
- ▣ 문화 도심을 콘셉트로 복합 상업, 업무, 문화, 주거 등의 다양한 창조 복합도시 사례 건물(연간 임대료 200억 엔, 방문자 수 3,000만 명)
- ▣ 다수 이해권리자의 설득 등 총 17년이라는 장기 프로젝트였으나 도쿄의 대표 랜드마크가 된 복합 재생 개발 사례

구분	내용
위치	도쿄 미나토구 롯폰기 6번지
규모	- 부지 면적: 84,801m² - 연면적: 797,000m² - 용적률: 630%(업무840%) - 총사업비: 2,700억 엔
시행사	모리빌딩주식회사
추진 일정	- 1986년 재개발유도지구 지정 - 1990년 조합 설립 - 1995년 도시계획 결정 고시 - 2000년 착공 - 2003년 준공

구분	내용
용도	- 모리빌딩 - 주택 - 아사히TV - 모리 미술관 - 그랜드 하얏트 호텔

• 롯폰기 힐즈 전경

출처: 플리커 – Guilhem Vellut

2. 개발 경과

▣ 1660년대부터 롯폰기(六本木, ろっぽんぎ, 나무 6그루)라는 이름으로 불림

▣ 제2차 세계대전 폭격을 받아 파괴되고 이후 유흥가 지역으로 유명한 장소

▣ 롯폰기 6지구는 4m 미만의 도로를 사이에 두고 목조 주택, 소규모 아파트, 오피스가 밀집해 있던 상습 교통 정체 지역으로 1986년 재개발유도지구로 지정받아 개발 추진

▣ 개발 경과

- 1986년: 도쿄도 재개발유도지구 지정
- 1988년: 재개발 기본계획 소유자 500여 명을 중심으로 마치즈쿠리 간담회 개최
- 1990년: TV아사히 본사 이전과 함께 사업 추진 기본계획 확정 고시, 마치즈쿠리협의회 결성
- 1991년: 토지 소유자와 임차인들을 중심으로 '재개발준비조합' 결성
- 1998년: 롯폰기 힐즈 시가지 정비 계획 확정 고시. 재개발조합 설립
- 1999년: 관리처분계획인가
- 2000~2003년 4월: 공사 시행

▣ 관리 운영 체제

- 롯폰기 힐즈 12동 건물 관계자 대표(400인 권리자 소유자) 롯폰기 힐즈 협의회 구성(모리빌딩에서 총괄적 관리)
- 타운 매니지먼트: 복수의 시설, 기능이 모여 있는 지역을 하나의 지역으로 일체화해서 운영·관리하고, 프로듀서 역할을 수행하여 지역을 브랜드화함으로써 지역 전체를 활성화함
- 활동 내역(6개 분야)

① 지역 브랜드 아이엔티티 구축

② 커뮤니케이션 활성화

③ 이벤트 프로모션

④ 서비스 질 제고
⑤ 커뮤니티 구축
⑥ 영업 활동

3. 개발 내용

▣ 건물 구성

• 롯폰기 힐즈 배치도

출처: 도시재생 종합정보체계, 국토교통부

▣ 타운 브랜드의 창출 사례

- 개발 콘셉트를 실현시키기 위해 특화된 전략 거점 시설 도입
- TOWN의 BRAND는 그 타운에만 있는 가치. 롯폰기 힐즈는 문화 도심이라는 타운 브랜드를 실현하고자 함

휴식 공간 내 조형물

아사히 TV사 건물 내부

모리빌딩 내 사업 시설

보행과 휴식 공간

모리아트센터갤러리

모리미술관

뮤지엄 숍

도쿄 시티 뷰

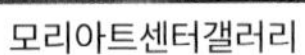

• 롯폰기 힐즈 타운 브랜드

출처: 모리빌딩 도시기획

▣ 타운 브랜드의 운영 철학

- 복수의 시설과 기능이 모이는 장소를 하나의 공간 즉 타운으로 운영하고 관리함으로써 부가가치를 창출하고 타운의 기능을 최대화함

① 문화 도시의 실현

② 오픈 스페이스의 활용

③ 복합 기능의 상승 효과 발휘

④ 타운 경영 시점

- 위 4가지를 통하여 타운 브랜드를 확립하고 글로벌적으로 아이디어 및 비즈니스가 모이는 장소를 만들고자 함

4. 개발 방식

▣ 권리 변환 방식(입체환지) 등을 통해 기성 시가지를 재정비하는 제1종 시가지 개발 사업과 지역 특성과 미래상을 고려한 재개발사업을 유도하기 위해 용적률, 건폐율 등을 규제하거나 완화할 수 있는 재개발지구계획 동시 적용

※ 재개발지구계획(현재, 재개발 등 촉진 구역)은 민간 개발자가 공공시설의 용지를 제공하고 기반 시설의 정비 비용을 부담하는 대가로 민간 개발자에게 용적률 완화 등의 인센티브가 제공되는 제도로 민간 사업자의 사업을 유도하는 데 큰 역할을 담당

▣ 도시 스카이라인 구성

• 롯폰기 힐즈 도시 스카이라인 구성도

출처: 도시재생 종합정보체계, 국토교통부

• 롯폰기 힐즈 스카이 라인

▣ 도로 유입을 통한 주변 지역과의 효율적 연계

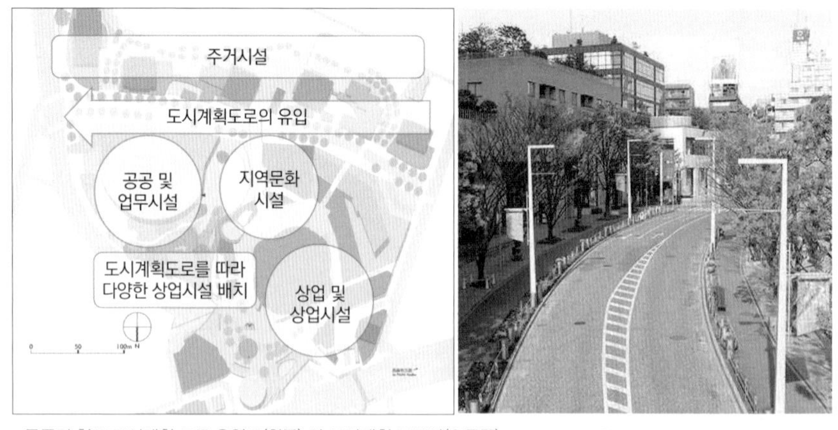

• 롯폰기 힐즈 도시계획 도로 유입도(왼쪽) 및 도시계획 도로변(오른쪽) 출처: 도시재생 종합정보체계, 국토교통부

▣ 단계적 단지 진입 구성 방식

- 주변 도로(Public space)에서 대상지 내의 개별 시설(Private space)로의 접근은 중간 공공 공간(Semi-public), 사적 공간(Semi-private)을 통해 각각의 개별 시설(Private space)과 연계되도록 4단계 진입 방식으로 형성함
- 즉 지하철 역사 및 주변 도로에서 진입 광장 또는 중앙 광장의 중간 공공 공간(Semi-public)으로 진입 후 각 주요 건물의 로비를 통해 각 시설로 진입

• 롯폰기 힐즈 단계전 단지 진입도

출처: 도시재생 종합정보체계, 국토교통부

■ 롯폰기 힐즈의 타운매니지먼트: 주변 지역으로의 확장

• 롯폰기 힐즈 아트 트라이앵글 출처: 모리빌딩 도시기획

3. 도쿄 미드타운

과거 방위청 부지를 창작, 문화, 호텔, 주거 복합 공간으로 개발

1. 프로젝트 개요

- ▣ 東京ミッドタウン. 일본 최대 부동산회사인 미쓰이의 대표 복합 재생 개발 프로젝트로서, 민간에 의한 국유지(방위청 용지) 재개발 사업으로 최대 규모 프로젝트
- ▣ 예전 방위청 부지를 미쓰이(40%)를 중심으로 6개의 SPC가 개발, 넓은 녹지 공간과 5개의 건물로 구성된 복합 창작, 문화 공간 건물(Fuji Film HQ 등)
- ▣ 토지 취득에서 착공까지 2년 3개월밖에 소요되지 않아 도시계획 절차가 신속하게 진행된 사례
- ▣ 일본 도심 재개발의 모범 사례로 꼽힐 만큼 자연친화적이며 타운 내 각 건물들이 잘 조화를 이룬 하나의 작품(상업 공간의 공간적 여백 구성이 잘됨)

구분	내용
위치	도쿄 미나토구 아카사카 9-7-1
규모	지하 5층, 지상 54층, 높이 248m
시행 면적	- 부지 면적: 102,000m² - 연면적: 569,000m² - 총사업비: 3,700억 엔
시행사	미쓰이부동산
추진 일정	- 2001년 4월 아카사카 초메지구 재개발지구계획 공시 - 2001년 9월 일반 경쟁 입찰 - 2002년 2월 토지소유권 이전 - 2003년 9월 시설 설계 완료 및 개발 허가 취득 - 2004년 2월 건축 확인 취득 - 2004년 5월 민간 도시 재생 사업 인정 공사 착공 - 2005년 타운 이름을 도쿄 미드타운으로 결정 - 2007년 1월 공사 준공 - 2007년 3월 30일 그랜드 오픈
용도	사무실, 쇼핑 센터, 임대 아파트, 산토리 미술관, 리츠칼튼 호텔
점포수	132점포
연간 매출	300억 엔(상업), 연간 방문자 수 3,000만 명

• 도쿄 미드타운 전경

2. 개발 경과

▣ 도쿄미드타운은 미나토구의 롯폰기 지역에 있는 옛 방위청 부지에 미쓰이 부동산을 중심으로 한 6개사(미쓰이부동산, 전국공제농업협동조합연합회, 메이지야스다생명, 후쿠고쿠생명, 세키미즈하우스, 대동생명)가 개발함

▣ 총사업비로 3,700억 엔이 들어가 같은 지역 내의 경쟁자라고 할 수 있는 롯폰기 힐즈보다 약 1,000억 엔이 더 소요됨

▣ 일하고 거주하고 놀고 쉬는 것이 럭셔리하게 조화를 이룬 24시간, 365일 도시로서 세계에서 수많은 기업이 입주함. 활기 넘치게 활동하며 교류가 이루어지는 마을 만들기 콘셉트(Diversity On the Green)를 개발함

▣ 지역 안에는 미드타운 타워, 미드타운 이스트, 미드타운 웨스트, 가든 테라스, 파크 레지던스의 5개동 타워와 갤러리아, 디자인 미술관 및 풍부한 녹지로 구성됨. 이중에 미드타운 타워는 지상 54층으로 롯폰기 힐즈의 모리타워와 층수는 동일하지만 약 248m로 모리타워보다 10m 더 높음

▣ 부지의 약 40%를 녹지 공간으로 조성, 도심속 휴식 공간으로 제공하는 등 일본 전통식 정원을 이미지화

• 미드타운 내부

• 미드타운 정원

3. 개발 내용

▣ 건물 구성

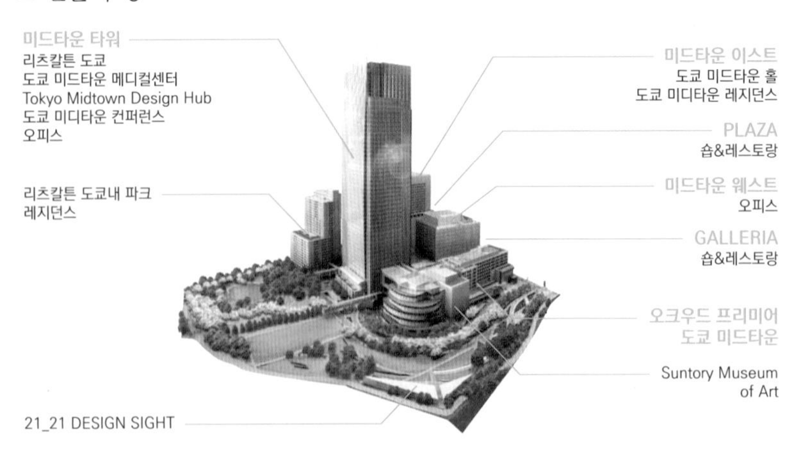

• 미드타운 구성도

출처: Tokyo Midtown Guide

▣ 개발 철학
- 도시 기능이 고도로 일체화된 독창적 마을 조성
- 지역과의 공생, 현지에서의 공헌을 타운 조성 이념으로 함
- 일본이 자랑하는 '디자인', '아트'를 개발 테마로 함
- 기본 수목을 보존한 상태로 풍부한 녹지 형성
- 미쓰이부동산
· 투자자 5사와의 컨소시엄
· 자산 가치가 높은 대규모 복합 개발
· 타운의 매력을 배가하는 호텔 및 문화 시설을 설립함

▣ 시설 구성

구분	구 조	규모	연면적(m²)	용도
A동 (미드타운 타워)	S조 (RC, SRC조)	- 지상 54층 - 지하 5층 - 높이 248m	247,000	- 오피스: 3~44층 - 호텔(리츠칼튼): 45~53층
B동 (미드타운 동쪽)	S조 (RC, SRC조)	- 지상 25층 - 지하 4층 - 높이 114m	117,000	- 오피스: 2~12층 - 주택: 13~24층 - 컨벤션: 1층
C동 (파크 사이드)	RC조	- 지상 30층 - 지하 2층 - 높이 108m	57,000	- 주택
D동 (미드타운 서쪽)	RC조 (RC, S조)	- 지상 9층 - 지하 3층 - 높이 48m	80,000	- 상업 구역: 지하1~4층 - 주택: 2~9층
E동 (미드타운 앞쪽)	S조 (RC, SRC조)	- 지상 13층 - 지하 3층 - 높이 67m	56,000	- 오피스: 3~12층 - 상업: 지하1~2층

4. 타운 매니지먼트

• 미드타운 고급 식당가

• 미드 타운 시민 휴식 공간

• 미드타운 21-21 Design Sight 전경 및 산책로

4. 마루노우치

도쿄역사 앞 복합 재생 개발 사업

1. 프로젝트 개요

▣ 丸の内. 미쓰비시지쇼 부동산의 복합 재생 개발 프로젝트로 도쿄역사 앞 마루노우치 지역의 개발 사업

※ 일본 도쿄역과 왕궁 사이에 위치한 도쿄의 경제·금융 중심지로 주거·상업·업무·문화 시설을 밀집시킨 콤팩트 개발을 통해 미래형 마을 만들기 추진, 일본에서는 콤팩트 개발로 지어진 복합 건물을 '마루노우치 빌딩'이라 부름

▣ 마루노우치 지구는 금융·매스컴 등 약 4,000개 이상의 사무소가 입지해 약 24만 명의 취업 인구를 포함하는 명실상부한 세계 유수의 비즈니스 센터임. 1990년대 말까지 단순 업무 빌딩, 노후한 도시 지역의 이미지가 강했는데 당시 통폐합 등의 구조 조정으로 인한 금융 기관들의 지점 축소로 빈 공간이 급증하는 등 구도심의 경쟁력을 상실하자 도쿄역 중심 지구 전체의 역사성을 보존하면서 현대화된 고층 건물로 복합 재개발함

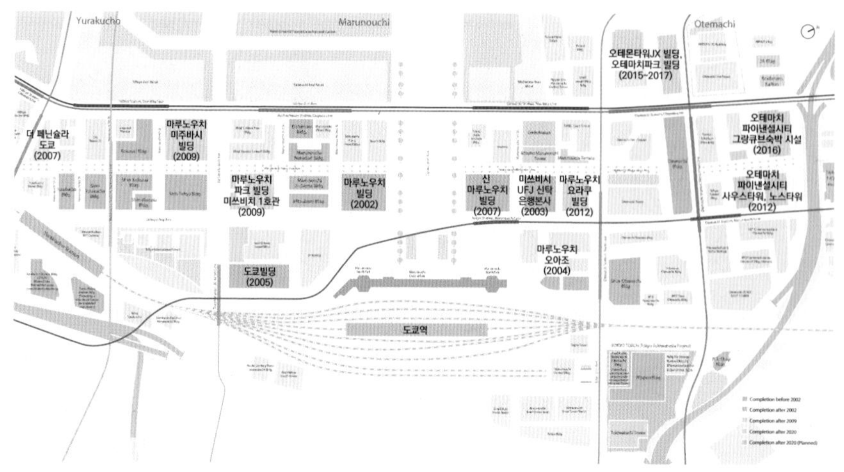

• 마루노우치 지도

출처: www.mec.co.jp

구분	내용
위치	도쿄역 주변
시행 면적	도쿄역사 앞 마루노우치 지역의 재생 사업 (4,100개사 24만 명 근무하는 경제 중심지)
시행사	미쓰비시지쇼부동산
추진 일정	2002~2011년
용도	경쟁력을 잃은 구도심을 고층 빌딩으로 재정비
특징	- 2002년 마루노우치 빌딩을 시작으로 메이지야스 생명빌딩, 도쿄 빌딩, 신마루노우치 빌딩 오픈 - 미쓰비시가 대부분 토지를 소유한 곳으로 지구협의회를 구성해 체계적 개발이 진행 중 - 마루노우치 중앙로 개선 작업에 이어 2011년 도쿄역사 및 마루노우치 역사 복원을 마무리 - 도쿄역의 미이용 용적률을 구입하여 고층 복합 건물 개발 활용(특례 용적률 적용 구역)

• 마루노우치 전경

• 도쿄역과 마루노우치 전경

2. 개발 경과

민간 디벨로퍼 손에

재탄생한 도심

일본 동경 마루노우치

주거, 상업, 업무, 문화시설의 초고층/초고밀개발 콤팩트시티

A4 해피타운 ① 도심 살린 고밀도 개발 2015년 9월 30일 수요일 매일경제

日도쿄역, 용적률 2000% 초고층 개발…사람이 돌아왔다

도심 국제경쟁력 높이는 도쿄

교통·사업·문화기능 압축…도심효율성 강화

매력없는 서울의 얼굴 서울역

서부역 일대 방치…관광·비즈니스 공간 낭비

• 언론에 소개된 마루노우치

출처: 매일경제

- 1980년대 일본의 버블 경제가 절정이던 1988년 1월, 이 지구 전체를 전면 재개발해 업무 중심의 도심 재구축을 제안한 소위 '마루노우치 맨해튼 계획'이 발표되기도 했지만 도시 미관 등의 이유로 반대에 부딪쳤고, 이후 버블 경제의 붕괴로 재개발 계획 전면 수정됨
- 노후한 이미지와 함께 빈 사무실들이 급증하자 1996년에 마루노우치 토지 소유자의 협의조직체인 재개발 협의회에서 마치즈쿠리(まちづくり)라는 마을만들기 협의체를 설립함
- 2003년 3월에 외부의 의견과 제안을 수용한 최종 가이드라인을 책정했으며 이를 계기로 치요다구(千代田區)가 8월에 '지구계획'을 결정
- 그리고 2002년에는 '에어리어 매니지먼트(Area Management)협회'가 설립되어 현재까지 지역 관리 활동(이벤트 개최 등 소프트웨어 지원)을 전개

▣ 마루노우치 재생 사업은 민간의 활력과 공공의 지원, 시민 참여를 중심으로 하는 지역 관리 체계의 구축을 통하여 도심 재생 사업을 전략적이고 효과적으로 전개함. 도쿄역 건축 규제 완화와 인허가 원스톱 처리를 골자로 한 국가전략 특구 지정으로 초고층 복합 개발을 통한 마을 만들기 실험이 한창인 일본 도쿄역세권 개발로 정부와 도쿄도, 민간 사업자(디벨로퍼), 지역 주민들이 함께 움직이면서 최첨단 인텔리전트 빌딩이 즐비한 글로벌 타운으로 변화함

• 도쿄역사 앞

3. 개발 내용

▣ 초고층 건물을 지을 때 △지하 1층~지상 3·4층 상가 △저층부 상업 문화 시설 △중층부 오피스·컨벤션센터·공공시설 △고층부 주거 시설 △초고층부 호텔처럼 공간 활용과 수익성을 극대화할 수 있도록 용도를 복합해서 설계

▣ 개발 유도와 사업 수법

- 마루노우치 지구는 다양한 도시 기능의 도입과 경제 활동 촉진을 위해 국제회의시설이나 호텔 등 국제 교류 및 활성화를 위한 용도를 도입할 필요성이 대두됨

- 마루노우치 지구 재생에 있어 타 지구보다 앞선 다양한 새로운 제도가 도입됨
  ※ 도입한 주요 법제도로는, 특례 용적률 적용 구역 제도, 주차장 조례의 개정, 특정 가구 제도가 있음

(1) 특례용적률 적용 구역 제도

- 마루노우치지구는 도쿄도의 도시계획 결정(2002년 6월)에 따라 같은 구역 내에서 인접하지 않은 부지간 용적의 이전이 가능한 이른바 '특례용적률 적용 구역'에 해당함
- 구체적으로는 도쿄역사(마루노우치 역사)의 미이용 용적을 도쿄 빌딩 신축 신마루 빌딩 등으로 이전, 또 지구 내 육성 용도(권장 용도로서 오피스 이외의 용도)의 집약을 위해 건축물 간의 용도 교환도 가능하게 되었음
- 이를 통해 2006년 완공된 도쿄 빌딩과 2007년 완공 예정인 페닌슐러 도쿄 빌딩은 용도 교환이 이루어졌는데, 도쿄 빌딩 쪽으로 업무 기능을 집적하고 페닌슐러 빌딩 쪽으로는 비업무 용도를 집약함으로써 호텔 등의 개발이 도심에서도 가능해짐

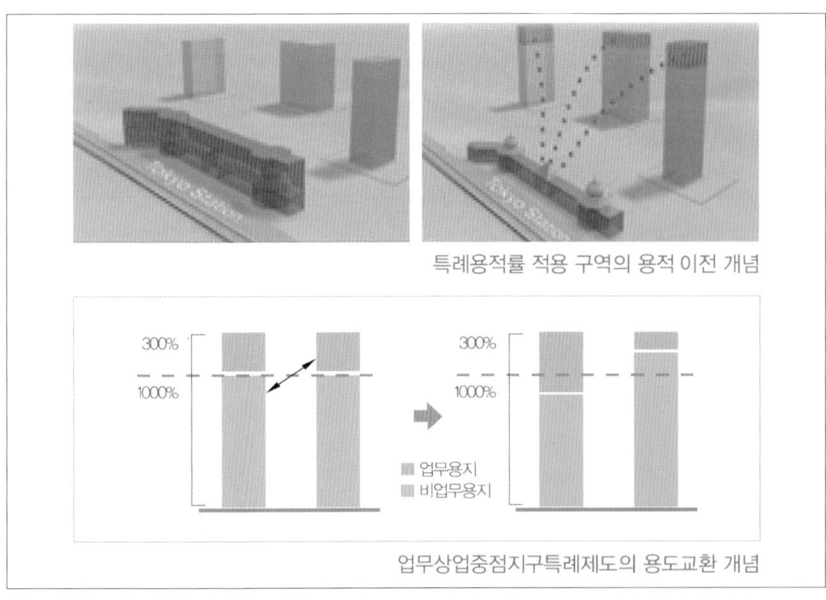

• 특례용적률 적용 구역 제도

출처: 부동산개발트렌드 – 남진

(2) 주차장 설치 의무

- 도쿄도의 주차장 조례 개정(2002년 10월)으로 주차장 설치의 일률적인 규정에서 지역별로 다른 지침 적용이 가능하게 되어 설치 의무의 완화 및 독자적인 운용이 이루어지게 되었음
- 마루노우치 지구의 경우 도심에서도 대중 교통 수단이 가장 잘 정비된 지구로 이전부터 주차장의 이용률이 낮은 점 등을 고려해 종전의 주차장 설치 의무 규정보다 30% 정도 낮추게 되었음

(3) 특정 가구 제도

- 특정 가구 제도의 개정으로 부지 외의 공공 공간 정비에 대해서도 용적률 완화를 인정하는 규정을 활용해, 신마루 빌딩의 재개발에 적용하게 되었음
- 도쿄역 마루노우치 지하 1층의 광장 정비를 도쿄도의 공공 사업과 일체화

▣ 개발 유도 및 사업 수법

- 저층부와 고층부의 형태 및 용도 차별화
  - · 저층부: 기존의 형태 유지(31m 고도 준수, 과거 100척〔31m〕 규제를 받은 역사 건축물의 보존 및 활용)
  - · 고층부: 오피스 공간으로 개발, 옥상 녹화로 도시형 녹지 확보

4. 개발 주체

▣ 마루노우치 지구 재생을 위한 개발 주체는 기본적으로는 각 지권자이지만 지권자 조직인 '재개발계획추진협의회'와 중앙정부, 도쿄도, 자치구(치요다구), JR을 포함하는 '마치즈쿠리 간담회'가 중요한 역할을 담당함

▣ 협의회는 직접적인 도시 개발 활동 이외에도 대규모 이벤트 교류 활동, 시찰 견학회, 정보지 발간 등 다양한 활동을 전개함(현재, 대략 80명이 넘는 협의회 회원, 10명에 가까운 특별회원 보유). 한편 간담회는 단순한 민간과 행정의 창

구가 아니라 도시계획 제도의 검토, 가이드라인의 작성 등 중요한 역할 담당

5. 지구 재생의 특징과 효과

▣ 가구 블록별 도시건축물의 재개발(재건축), 가로 등 공공 공간 정비 등을 통해 점진적 단계적으로 전개되고 있음

- 기본적인 이념

① 종합적인 시점(기능, 환경, 경관, 네트워크 등)에서 지구의 장래상 검토

② 3가지(장래상, rule, 정비 수법) 중점 가이드 라인

▣ 재생 사업의 효과

- 합리적인 계획: 용적 이전 및 용도 전환, 도시계획법, 건축기준법 등 법제도 일부 개정을 통한 성공 사례
- 전통 유지: 잘 정비된 전통적 외관 유지, 역사가 남아 있는 지역으로 재생
- 24시간 365일 활력 있는 거리: 상업 시설 적극 도입, 단일 기능에서 다기능으로 성공적인 전환

▣ 타운 매니지먼트-지역 전체의 지속적 활성화

• 마루노우치 나카도리

• 브릭 스퀘어 공원 전경

• KITTE 외관

• KITTE 상점

• KITTE 옥상 공원

5. 도쿄 미드타운 히비야

제2의 미드타운 창작, 영화, 상업, 오피스 공간으로 복합 개발

1. 프로젝트 개요

▣ 東京ミッドタウン日比谷. 역사적으로 히비야 공원, 황궁 주변과, 도쿄 다카라즈카 극장 등이 입지해 높은 예술 문화를 자랑하는 지역. 도쿄 미드타운 히비야는 1930년에 건축된 산신 빌딩과 1960년 건축된 히비야 미즈이 빌딩을 럭셔리한 제2의 미드타운으로 복합 개발하는 프로젝트

▣ 연면적 19만m^2, 총 34층 규모로 1층부터 7층까지 60개의 식음료, 럭셔리 쇼핑상가 등으로 구성되어 있으며 6층에 개방된 파크뷰가든, 영화관이 있으며 11층부터 34층까지 오피스로 구성된 복합 건물로 하루 10만 명이 방문함

▣ 건물 운영사인 미쓰이부동산은 6층을 벤처 기업이 무료로 활용할 수 있는 공간인 '베이스 Q'로 조성, 스타트업, 1인 크리에이터들이 교류할 수 있는 세미나홀인 Q홀, Q라운지, 카페 등으로 구성

※ 미쓰이는 상당수 스타트업들이 금전적인 지원이 아닌 공간이 필요한 점을 감안해서 비싼 땅 한 층을 벤처 기업에 공간으로 제공함

구분	내용
위치	1 Chome-1-2 Yūrakuchō, Chiyoda-ku, Tōkyō-to 100-0006
규모	지상 34층, 지하 4층, 높이 150m 9,935m²(연면적 190,000m²)
용도	사무실, 주차장, 상점, 영화관, 홀, 공원
구조유형	Highrise
준공	2018년 3월 29일
설계	Hopkins Architects
특징	- 상업시설 60개의 점포를 갖춘 상업 플로어는 '극장 공간 도시'를 디자인 콘셉트로 하여 밝고 화려한 공간을 연출. 전통적인 극장 공간을 이미지화한 3층 통층 구조의 아트리움 - 과거에 히비야의 상징이었던 '산신 빌딩'의 모던 디자인을 모티브로 한 지하 아케이드 등 이 거리의 특징도 살림 - '유린도'가 전개하는 복합형 점포 'HIBIYA CENTRAL MARKET' 등 개성적인 상품 판매점과 일본에 처음으로 진출하는 점포를 비롯한 럭셔리 레스토랑 위치

• 도쿄 미드타운 히비야

• 미드타운 히비야 내부

• 미드타운 히비야 가든

2. 시설 내용

▣ 미드타운 히비야 층별 안내도

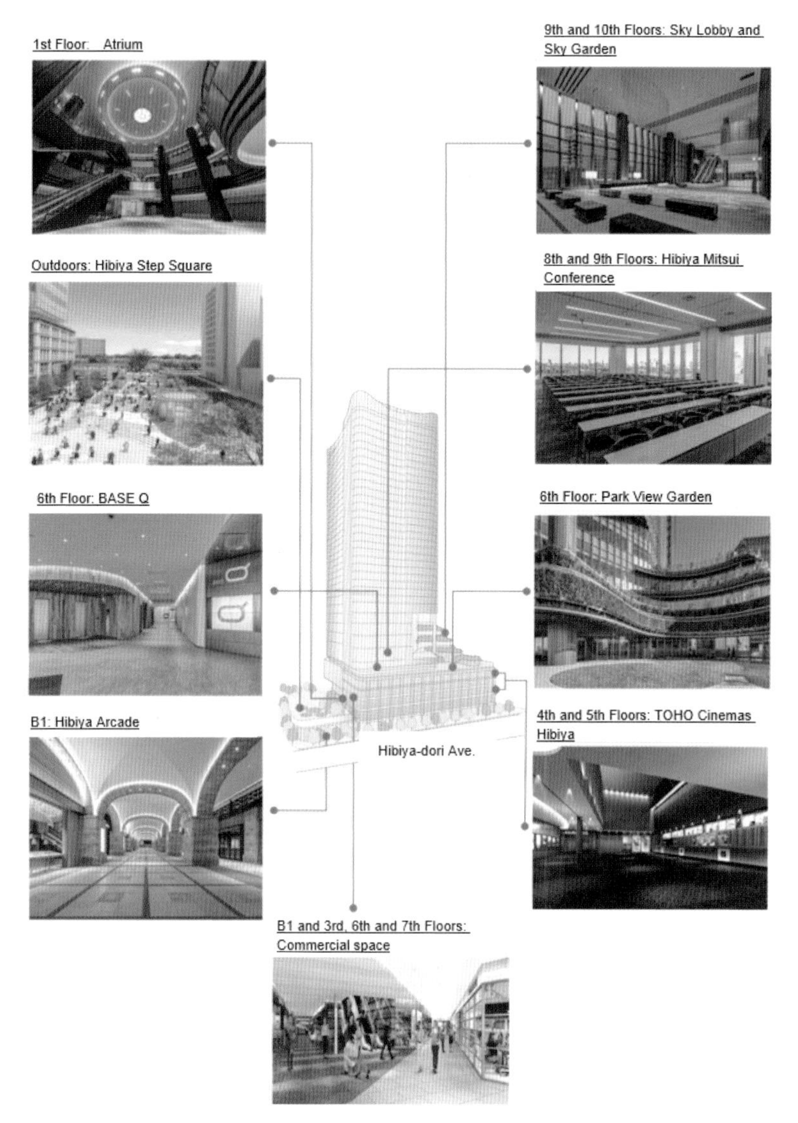

• 미드타운 히비야 층 안내도

출처: Mitsui Fudosan

▣ 도요타 자동차 편집 숍-렉서스 미츠(Lexus meets)-1층

- 차량을 판매하지 않고 전시만 하는 렉서스 편집 숍으로 공간의 확장 개념이 단순한 자동차라는 기계가 아닌 렉서스가 중심이 되는 라이프스타일 편집 숍으로 확장
- '카페에서 식사를 하며 렉서스의 세계관을 맛보고, 부티크에서 물건을 사며 렉서스의 세계관을 즐기는 곳'으로 카페, 편집 숍 등 젊은이들이 좋아하는 복합 라이프 편집 숍

▣ 베이스 Q 층별 안내도(6층)

• 베이스 Q 안내도 출처: Mitsui Fudosan

• 베이스 Q 라운지

• 베이스 Q 스튜디오

6. 도쿄 미드타운 야에스

호텔, 버스 터미널, 초등학교가 있는 45층 복합 빌딩

1. 프로젝트 개요

▣ 東京ミッドタウン八重. 2023년 3월 개관했으며, '도쿄 미드타운 롯폰기', '도쿄 미드타운 히비야'에 이어 세 번째로 개발된 도쿄 미드타운

▣ 미쓰이부동산이 운영하는 지상 45층 지하 4층의 대규모 복합 시설로 JR '도쿄역'과 직접 연결되며 초등학교, 다양한 상점, 레스토랑, 오피스, 호텔, 버스 터미널 등의 시설이 모여 있음

OWN YAESU

■ 시설 개요

구분	내용
위치	도쿄도 츄오구 야에스 2-2-1
지역 면적	약 1.5 ha
부지 면적	(야에스 센트럴 타워) 약 12,390m^2 (야에스 센트럴 스퀘어) 약 1,043m^2 (합계) 약 13,433m^2
연상 면적	(야에스 센트럴 타워) 약 283,900m^2 (야에스 센트럴 스퀘어) 약 5,850m^2 (합계) 약 289,750m^2
층고/ 최고 높이	(야에스 센트럴 타워) 지상 45층 지하 4층 펜트하우스 2층/ 약 240m (야에스 센트럴 스퀘어) 지상 7층 지하 2층 펜트하우스 1층/ 약 41m
시행사	야에스 니초메 기타 지구 시가지 재개발 조합
설계	(기본설계·실시설계·감리) 주식회사 일본 설계 (실시 설계) 주식회사 다케나카 공무점
시공	주식회사 다케나카 공무점
용도	(야에스 센트럴 타워) 사무소, 점포, 호텔, 초등학교, 버스 터미널, 주차장 등 (야에스 센트럴 스퀘어) 사무소, 점포, 육아 지원 시설, 주륜장, 주차장, 주택 등
교통	JR 도쿄역 지하 직결(야에스 지하가 경유) 도쿄 메트로 마루노우치선 도쿄역 지하 직결(야에스 지하가 경유) 도쿄 메트로 긴자선 교바시역 도보 3분 도쿄 메트로 토자이선, 긴자선, 도에이 아사쿠사선 니혼바시역 도보 6분
준공	2022년 8월

2. 주요 특징

■ 도쿄 미드타운 야에스는 1층부터 3층까지는 상가, 4층부터 38층까지는 비즈니스 및 오피스존, 40층부터 45층까지는 이탈리아 주얼리 브랜드 불가리의 자회사인 불가리 호텔 도쿄가 있는 45층 규모의 복합 시설임

■ 지하 2층에는 일본 최대 버스 터미널이 있으며 지하 1층은 도쿄역과 직결되어 있음

▣ 2층에 위치한 야에스 퍼블릭은 사람, 장소, 문화가 집결하는 새로운 형태의 공공 공간으로 모든 사람이 편안하게 방문할 수 있으며 중간층은 대규모 오피스 시설과 컨퍼런스 시설로서 수도권 대형 오피스 최초 '완전 비접촉식 오피스'로 얼굴 인식 시스템, 전용 출입구 자동화 등을 통해 사무실 출입이 가능함

▣ 불가리 호텔의 총 객실 수는 98실로 이탈리안 레스토랑, 피트니스, 실내 수영장 등이 있으며 미드타운 센트럴 스퀘어 1~4층에는 초등학교와 어린이집이 있음

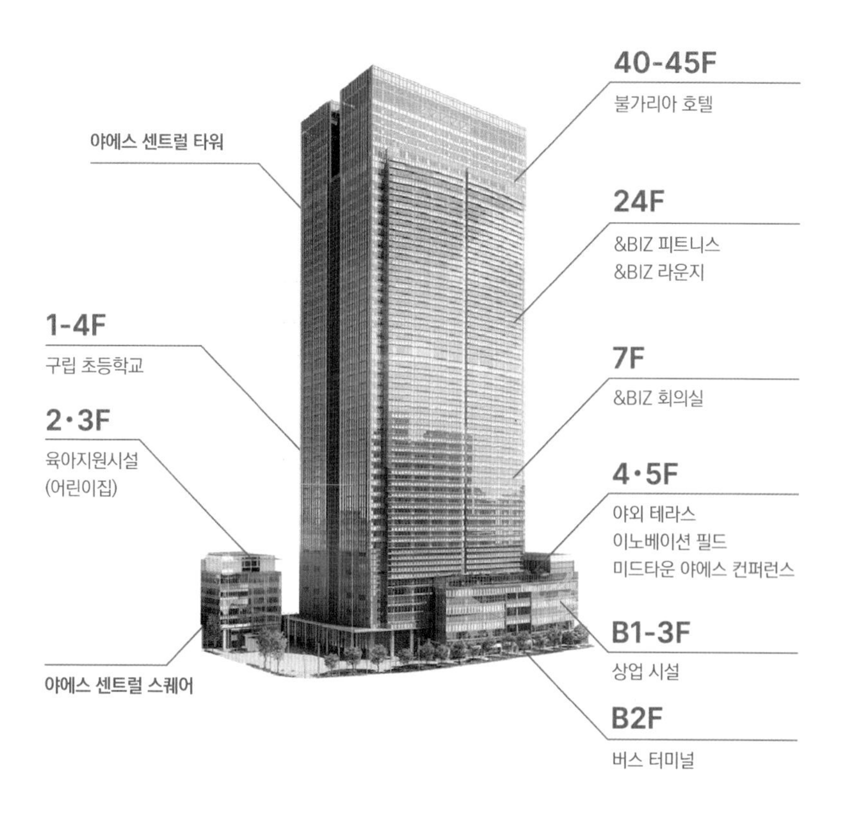

• 층별 안내

출처: www.yaesu.tokyo-midtown.com/about/urban-development

7. 도라노몬 힐즈

도쿄올림픽경기장과 연결되는 입체도로 제도를 활용한 복합 재생 프로젝트

1. 프로젝트 개요

▣ 虎ノ門ヒルズ. 2020년 도쿄올림픽 개최를 목표로 미래의 도쿄를 상징할 글로벌 비즈니스 복합 도시 재생 프로젝트. 4개의 초고층 복합 개발 빌딩 및 새로운 역의 입체적 연계 프로젝트로서 모리빌딩이 2014년 도라노몬 힐즈 모리타워 준공 이후 2023년까지 진행함

▣ 2020 도쿄올림픽경기장으로 이어지는 수도환상 2호선 지하도로 위에 초고층 복합 건물 건축(입체도로제도를 활용한 재생 프로젝트)

▣ 좁은 도심 부지와 고가의 땅값이라는 악조건에도 불구한 복합 개발의 성공적 사례로 도쿄의 신도시 거점 역할을 수행, 부지 면적 22만 5,000m^2, 연면적 80만m^{2}임

2. 개발 경과

▣ 1946~1950년: 환상 2호선 도시계획 결정 및 변경(폭 40m)

▣ 1998년: 시가지 재개발 계획·도시계획 결정. 환상 2호선 도계획 변경(지하터널)

▣ 2002년 사업 협력자로 모리빌딩·니시마츠 그룹 선정(공모)

▣ 2009년: 확정 건축자로 모리빌딩 선정(국토교통장관 승인)

- 빌딩의 건설과 보유 면적에 대한 취득 및 운영 추진

· 특정 건축가 제도: 건축물의 건축과 보류상의 처분을 시행자 대신 다른 특정 건축가가 할 수 있도록 한 제도로 민간 사업자의 자금력과 노하우를 적극 활용. 매력 있고 처분성 높온 건축으로 원활한 사업 추진 가능

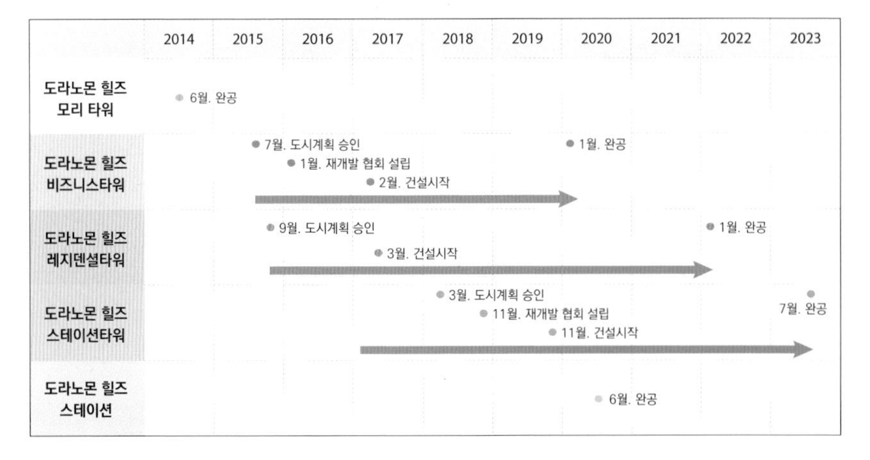

▣ 2011년 4월: 도라노몬 힐즈 모리타워 공사 착공

▣ 2014년 6월 : 도라노몬 힐즈 모리타워 준공·오픈

▣ 2020년 1월: 도라노몬 힐즈 비즈니스 타워 오픈

▣ 2020년 6월: 도라노몬 힐즈 스테이션 히비야노선 오픈

▣ 2022년 1월: 도라노몬 힐즈 레지덴셜 타워 오픈

▣ 2023년 10월: 도라노몬 힐즈 스테이션 타워 오픈

3. 사업 내용 및 방식

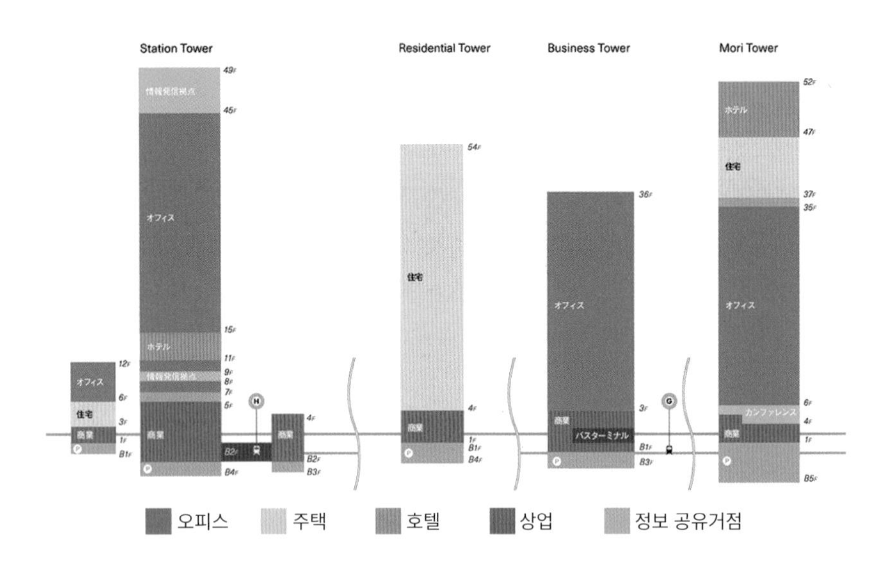

출처: 모리빌딩 홈페이지(www.mori.co.jp/en/projects/)

▣ 국제 수준의 사무실, 주택, 호텔, 상업 시설, 녹지, 교통 인프라 등 다양한 도시 기능을 도보권 내에 제공하는 새로운 국제 도시 허브이자 글로벌 비즈니스 센터 역할 수행함

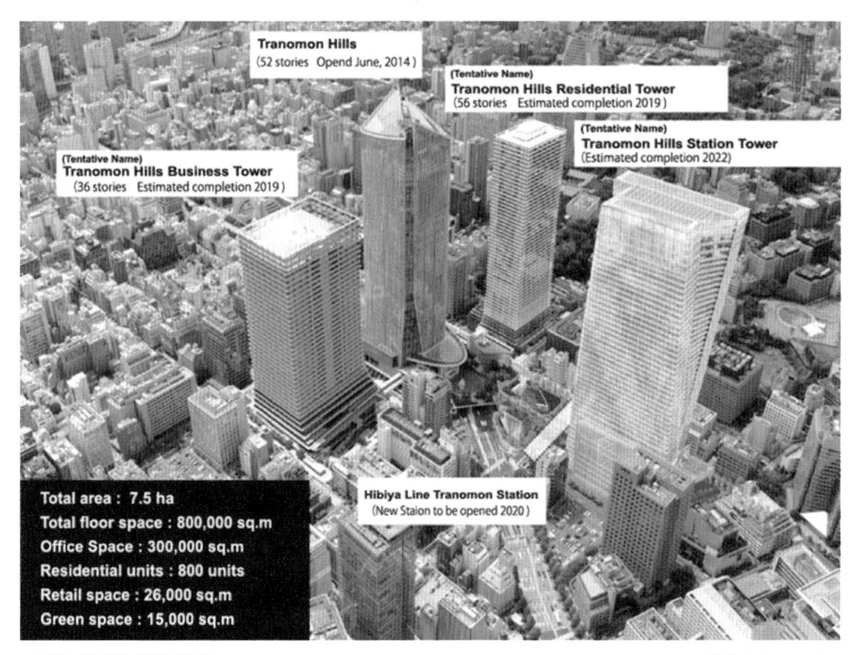

• 도라노몬 힐즈 주변 개발도 출처: Realestatetokyo

▣ 30만m² 규모 사무실 공간, 직장인 수는 약 3만 명, 인큐베이션 센터, 730세대 세계적 수준의 레지던스, 170개 매장을 포함한 2만 6,000m² 규모의 상업 소매 시설, 안다즈 도쿄와 호텔 도라노몬 힐즈 등 도라노몬 힐즈의 세계적 수준 호텔이 총 370개의 객실을 보유하며 2만 1,000m²의 푸른 녹지 공간과 공공 예술 작품 등이 설치되어 있음

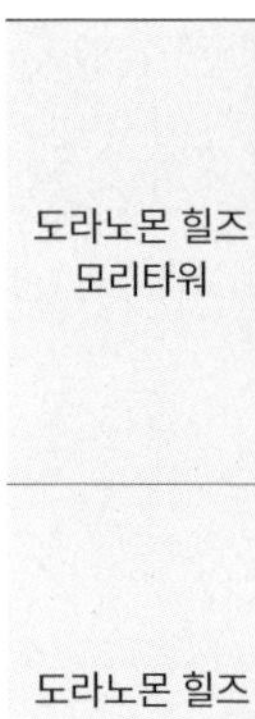 도라노몬 힐즈 모리타워	 최고 수준의 오피스 스팩	풍부한 녹지의 오픈스페이스	럭셔리 안다즈 호텔
도라노몬 힐즈 비즈니스타워	 공항 접근 편의성, 대규모 오프스	 회원제 인큐베이션 센터 ARCH(4F)	 食의 랜드마크, 도라노몬 요코초(3F)
도라노몬 힐즈 레지덴셜타워	 글로벌 수준 레지던스 547호	 도라노몬 힐즈 키친(1F)	 도라노몬 힐즈 스파 (2, 3F)
도라노몬 힐즈 스테이션타워	 역앞광장, 스테이션 아트리움(B2F~1F)	 정보발신거점 TOKYO NODE (8, 45~49F)	 마을호텔, 호텔도라노몬 힐즈 (1, 11~14F)

출처: 모리빌딩 홈페이지(www.mori.co.jp/en/projects/)

▣ 최초 사업 협력자 방식으로 건축물의 기획, 건설, 운영에 관한 지식과 노하우가 있는 민간 사업자를 지정하여, 시행자인 도쿄도와 권리자가 파트너(코디네이터)로서 사업 초기 단계부터 재개발 계획에 대해 조언, 제안, 정보 공유 등을 실시하여 사업 진행에 성공한 대표적 사례

▣ 이 제도의 활용을 통해 조기 합의가 가능했고 사업의 속도를 높일 수 있었음

4. 주요 프로젝트

1) 도라노몬 힐즈 모리타워

▣ 입체도로제 활용한 국제복합 프로젝트로 52층, 높이 247m 기둥 없는 넓은 사무실, 럭셔리 레지던스, 24개의 상점 및 레스토랑, 6,000m² 규모의 열린 공간과 녹지. 고층 건물에는 일본 내 하얏트 최초의 부티크 럭셔리 호텔인 안다즈 도쿄 보유

출처: 모리빌딩 홈페이지(www.mori.co.jp/en/projects/)

▣ 주요 개요

구분	내용
위치	도쿄도 미나토구 도라노몬 1-23-1~4
면적	부지 면적: 17,069m²(연면적 244,360m²)
용적률	1,150%
규모	지상 53층, 지하 5층, 높이 247m, 사업비 2,300억 엔
시행사	도쿄도, 임대 관리 운영: 모리빌딩
추진 일정	- 2011년 2월 착공 - 2014년 6월 오픈
용도	오피스, 상업, 주택, 호텔, 컨퍼런스, 주차장 등
사업 명칭	환상 2호선 신바시·도라노몬 지구 제2종 시가지 재개발사업 111가구 (도라노몬 가구)
특징	- 민관 합동 개발 방식 도쿄도: 토지 제공, 모리빌딩 설계·건설 후 지분 87%를 받는 조건 - 도로 사업과 재개발 사업의 일체형 프로젝트 입체도로 제도에 의거, 수도 환상 2호선 상부와 인접 부지를 통합하여 재개발 추진 - 최첨단 방재 건물로 비상시 로비나 회의실 등을 일반인이 사용할 수 있도록 설계, 방재 비축 창고(3,600명 수용. 3일간 숙식 가능, 63시간 연속 급전 가능 발전기

▣ 입체도로의 활용

- 입체도로 제도는 용지비의 상승, 대체지의 취득난 등에 의해 도로용지의 취득이 곤란하자 시가지의 교통 정체를 해소하고 간선도로의 정비를 추진하기 위해 생긴 제도로 간선도로의 정비와 아울러 그 주변 지역을 포함한 일체적이고도 통합적인 거리를 조성하기 위해 도로법, 도시계획법, 도시재개발법 및 건축기준법 등을 개정하여 도로와 건축물의 입체적 이용을 가능하게 한 제도임

■ 시설 구성

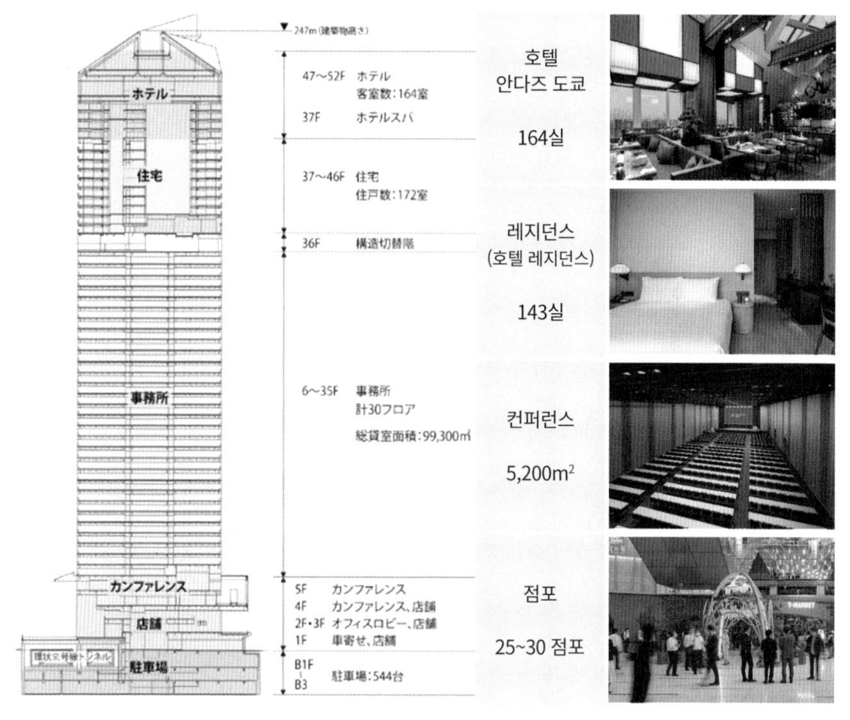

출처: 모리빌딩 홈페이지(www.mori.co.jp/en/projects/)

■ 비전-지역 거점화(주변 지역과의 연계성)

■ 여러 기능을 복합화한 초고층 빌딩의 경우 주변 지역과 단절되어 흉물스러운 '외로운 섬'이 되기 쉬운 점을 감안해 디벨로퍼인 모리빌딩은 '에어리어 매니지먼트(Area Management)'에도 적극 나서고 있음

- 레지던스 거주자 네트워크를 조직하고 빌딩 내 상업 공간에서는 계절별로 각종 이벤트를 개최하여 지역을 하나로 묶는 구심점 역할을 함
- 단순히 초고층 빌딩과 지역 간의 물리적 공간 연계뿐만 아니라 거주자와 지역 주민 간 정서적 연대에도 신경을 쓰면서 도라노몬을 중심으로 지역 발전에 도움을 줌

2) 도라노몬 힐즈 비즈니스 타워

▣ 도쿄와 세계를 연결하고 혁신을 불러일으키는 새로운 국제 허브 타워

▣ 대규모 사무실 공간은 물론 소매점과 레스토랑을 갖춘 36층짜리 타워 단지. 지하에 지하철, 1층에는 버스 터미널이 운행되며 타워 4층에는 대기업의 신사업 벤처에 대한 협력을 위해 다양한 분야의 혁신가들이 모이는 대규모 인큐베이션 센터 'ARCH'가 있으며 3층에는 도쿄 전역의 유명 레스토랑 모여 있는 '도라노몬 요코초'가 있음

출처: 모리빌딩 홈페이지(www.mori.co.jp/en/projects/)

▣ 주요 개요

구분	내용
이름	도라노몬 1초메 1종 도시재개발사업(A-1공구)
위치	도쿄도 미나토구 도라노몬 1-17-1 등
규모	- 부지 면적: 8,465m² - 연면적: 172,925m² - 건물지 면적: 10,065m² - 높이: 185m
층고	지상 36층/지하 3층
완공일	2020년 1월
건축가	모리빌딩 주식회사
건설자	오바야시 주식회사
프로젝트 실행자	도라노몬 1초메 지구 도시 재개발 조합
디자이너	인겐호벤 어소시에이트(외장), 원더월(인테리어) 외
용도	- 사무실 - 판매 시설 - 업무 지원시설 - 주차 시설

3) 도라노몬 힐즈 레지덴셜 타워

▣ 도시 생활의 진정한 풍요로움을 구현하는 최고급, 세계적 수준의 레지던스

▣ 도시 생활을 위한 고품질 글로벌 라이프스타일을 제공하며 54층, 220m 높이의 타워는 총 547세대로 스파, 미슐랭 스타를 받은 일식 레스토랑, 국제학교가 입주되어 있음

▣ 건축가 크리스토프 인겐호벤이 설계함. 인테리어 공간은 일본의 미학과 국제적인 라이프스타일 및 자연을 통합한 세련된 공간을 창조한 유명 인테리어 디자이너 토니 치가 구상

출처: 모리빌딩 홈페이지(www.mori.co.jp/en/projects/)

▣ 주요 개요

구분	내용
이름	아타고산 근린 지역 개발 사업(I 지역)
위치	도쿄도 미나토구 아타고 1-1-1
규모	- 부지 면적: 대략 4,000m² - 연면적: 대략 121,000m² - 건물지 면적: 대략 6,535m² - 높이: 대략 220m
층고	지상 54층/지하 4층
완공일	2022년 1월
건축가	다케나카 주식회사
건설자	다케나카 주식회사
프로젝트 실행자	모리빌딩 주식회사
디자이너	인겐호벤 어소시에이츠(외장), 토니 치 외(인테리어) 등
용도	- 주거 시설 - 판매 시설 - 보육 시설 - 스파 - 진료소

4) 도라노몬 힐즈 스테이션 타워

- ▣ 새로운 국제 허브이자 글로벌 비즈니스 센터로 확장 발전하는 도라노몬 힐즈의 중심에 위치한 도라노몬 힐즈 스테이션 타워는 도쿄 지하철 히비야선 도라노몬 힐즈 역과 함께하는 통합 도시 재개발 프로젝트
- ▣ 2023년 10월 준공되었으며 지상 49층, 지하 4층의 높이 266m 다목적 타워로 세계적 수준의 오피스, 역광장과 통합된 리테일 시설, 도쿄에 새롭게 탄생한 고급 호텔 등이 있으며, 최상층에는 새로운 가치를 창조할 수 있는 홀, 갤러리, 수영장, 레스토랑 등의 시설로 구성된 쌍방향 커뮤니케이션 시설인 도쿄 노드(TOKYO NODE)가 커뮤니케이션 허브로 진화되어 갈 것으로 예상됨

출처: 모리빌딩 홈페이지(www.mori.co.jp/en/projects/)

▣ 주요 개요

구분	내용
이름	도라노몬1초메·2초메지구 제1종 도시재개발사업
위치	도쿄도 미나토구 도라노몬 1초메 및 2초메의 일부
규모	- 부지 면적: 대략 22,000m² - 연면적: 대략 253,540m² - 건물지 면적: 대략 13,960m²
층고	- 도라노몬 힐즈 스테이션 타워: 지상 49층/지하 4층(대략 266m) - 글래스락: 지상 4층/지하 3층(대략 30m) - 도라노몬 힐즈 에도미자카 테라스: 지상 12층/지하 1층(대략 59m)
완공일	2023년 7월
건축가	모리빌딩 주식회사
건설자	Kajima Corporation, Kinden Corporation, Sanken Setsubi Kogyo Co., Ltd 및 Hitachi Building Systems Co., Ltd
프로젝트 실행자	도라노몬 1초메·2초메 재개발사업위원회
디자이너	OMA 외
용도	- 도라노몬 힐즈 스테이션 타워: 사무실, 유통 시설, 호텔, 양방향 통신시설, 주차장 등 - 글래스락: 소매 시설, 주차장 등 - 도라노몬 힐즈 에도미자카 테라스: 사무실, 주택, 판매 시설, 주차장 등

8. 긴자식스

도쿄의 새로운 랜드마크 - 상업 복합 문화 공간

1. 프로젝트 개요

- ギンザ シックス. 긴자(銀座)는 중세에서 근세에 접어들기까지 화폐 주조를 담당했던 곳이라는 어원을 가진 지역으로 고급 백화점의 중심지로 일본 최고의 쇼핑지, 번화가 거리
- 긴자는 이미 1980~1990년대에 개발이 끝난 후 '낡은' 쇼핑 거리로 전락함. 백화점 등 건물 규모가 작아 넘치는 쇼핑객을 수용하기에 한계가 있고 교통량 증가에 따른 협소한 도로 및 주차장의 한계가 지속되어, 일본의 대표 디벨로퍼인 모리빌딩이 이런 긴자의 고민을 해결하기 위한 아이디어를 도쿄도에 제안해 새로운 복합 문화 공간이 탄생함(2017년 4월 20일 오픈)

• 긴자식스 외관

▣ 긴자식스는 유명 백화점인 마쓰자카야 긴자점이 있던 자리에 새로 들어선 복합 상업 시설. 마쓰자카야 백화점의 모회사인 J프런트리테일링이 모리빌딩, 프랑스 명품회사 루이비통과 합작해서 세운 다목적 상업 시설로 전통적인 백화점이 쇠퇴하면서 새로운 트렌드에 맞는 시설로 변화를 준 첫 번째 복합 재생 시설

- 2개 블록을 묶어 통합 개발로 대형 건물을 짓지만, 가운데 기존 도로는 그대로 유지하는 개발 방식으로, 완성된 후에는 1층 한가운데로 도로가 지나가고 그 위로 2층부터 올라가는 방식
- 건물을 관통하는 1층 도로는 도로로도 그대로 사용하고, 건물 방문객의 승하차장으로도 쓰임. 후면부에는 관광버스 전용 승·하차장이 있어 교통 문제 해결

- 긴자식스는 높은 고층 빌딩은 아니지만 도로를 품도록 설계함. 한 층에 6,100m^2 면적으로 저층은 관광객을 수용하기에 최적인 구조이고, 상층부는 오피스, 외국인 관광객 유치와 쇼핑 인프라스트럭처 구축, 오피스 조성 등 복합 건물 가능

2. 개발 개요

▣ 2020 도쿄올림픽을 겨냥해 일본 경제 부활의 신호탄으로 긴자식스라는 새로운 복합 문화 공간을 개발함

- 2020년 도쿄올림픽 때 무려 4,000만 명의 외국인 관광객을 유치하겠다는 일본 정부의 목표에 따라 긴자식스는 외국인 쇼핑 수요에 맞춰서 매장을 배치하는 전략 세움.
- 가장 비싼 땅인 긴자 주오도리를 115m나 차지한 긴자 최대 규모의 긴자식스는 지하 6층~지상 13층, 전체 면적 4만 7,000m^{2}의 복합 쇼핑몰(전체 면적 14만 8,700m^2)
  - 7층~13층은 오피스, 6층은 6만여 권을 소장한 대형 서점(쓰타야), 지하 3층은 200개의 좌석을 보유한 칸제노극장(일본전통극장)이며, 옥상 정원 시설 보유
- 건물 전면부에는 루이비통모에헤네시(LVMH) 계열의 명품 숍 배치함, 측면은 건물이 아즈마로(路)를 품은 형태로 설계해 안쪽은 차가 지나다닐 수 있게 했고, 후면부는 긴자를 찾은 단체 관광객의 관광버스 승하차장으로 이용될 수 있도록 설계

▣ 긴자식스라는 복합 쇼핑몰 오픈식에 아베 총리까지 참석할 정도였음. 매일 평균 8만 5,000명이 찾으며, 최근 일본 경기가 급속히 살아나는 가운데 '일본 부활의 상징'이라고까지 불림

3. 시설 개요

- 긴자 지역 최대급의 241개 브랜드가 집결, 하이 브랜드 숍을 비롯해 세련된 생활문화를 제안하는 잡화 전문점, 장인의 솜씨가 빛나는 칠기, 구리 그릇, 기모노 등 일본의 전통과 혁신을 추구하는 많은 점포 입점
- 지하 6층, 지상 13층. 상업 시설 총면적이 4만 7,000m²로 긴자 최대 규모이며 점포를 낸 241개 브랜드 중 121개가 플래그숍(본점)으로 2019년 매출 600억 엔(약 6,300억 원), 고객 수 2,000만 명 기록

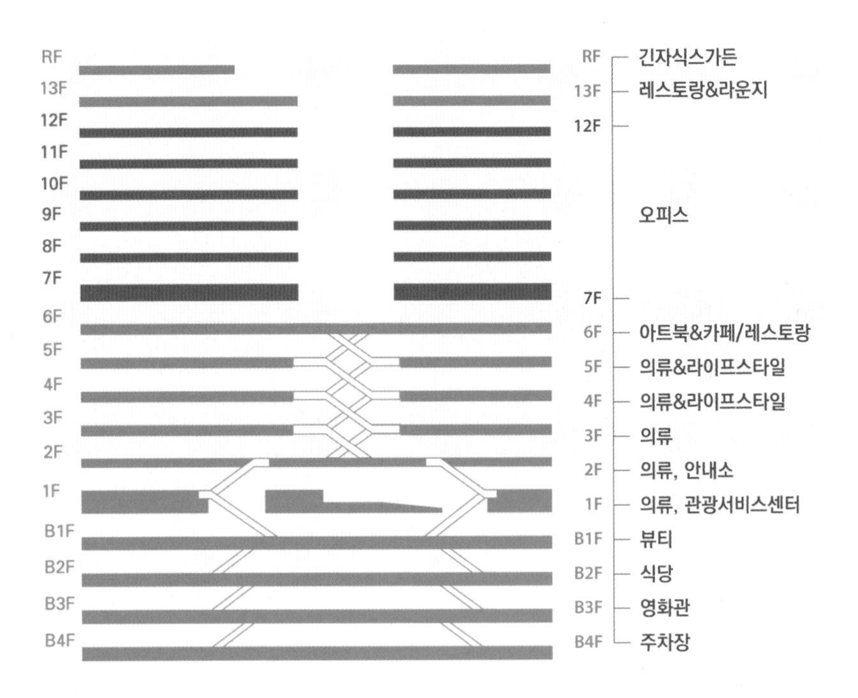

• 긴자식스 매장 안내도　　출처: ginza6.tokyo

▣ 복합 상가(내부 구조)

• 긴자식스 내부 출처: ginza6.tokyo

▣ 긴자식스 가든-긴자 최대, 약 4,000m²의 옥상 정원

• 긴자 식스 옥상 가든

▣ 투어리스트 서비스 센터-국제적인 상업·관광 거점의 형성

• 투어리스트 서비스 센터 출처: ginza6.tokyo

▣ 관광 버스 승강소, 미하라 테라스

• 미하라 테라스 출처: ginza6.tokyo

▣ 쓰타야 서점

• 쓰타야 서점

■ 긴자 임대료(전세계 6위, 2022년 기준)

글로벌 랭킹 (2022년)	글로벌 랭킹 (팬데믹 이전)	상권	임대료 (달러/ ft^2/1년)	임대료 (유로/ m^2/1년)	팬데믹 이전-현재 (현지통화)	전년 대비 (현지통화)
1	2	뉴욕, 5번가 (49th - 60th Sts)	2,000	21,076	14%	7%
2	1	홍콩, 침사추이	1,436	15,134	-41%	-5%
3	5	밀라노, 비아 몬테나폴레오네	1,380	14,547	9%	7%
4	3	런던, 뉴 본드가	1,361	14,346	-11%	-7%
5	4	파리, 상젤리제	1,050	11,069	-18%	-4%
6	6	도쿄, 긴자	945	9,956	0%	5%
7	8	취리히, 반호프스트라세	847	8,927	-3%	-1%
8	7	시드니, 핏 스트리트 몰	723	7,624	-24%	-7%
9	9	서울, 명동	567	5,973	-23%	-15%
10	10	상하이, 남경로	496	5,225	-14%	-14%

출처: cushmanwakefield.com

4. 건축 디자인

■ 다니구치 요시오가 기본 설계와 외관 디자인 담당, 카시마 건설과 협력해 설계함

※ 다니구치 요시오: 1937년생. 건축가. 하버드 대학에서 건축을 배워, 단게 겐조 아래서 경험을 쌓았으며 주된 작품 〈도쿄도 카사이 임해 수족원〉, 〈도쿄 국립 박물관 호류사 호모쓰칸〉, 〈뉴욕 근대미술관〉, 〈교토 국립 박물관 헤세이지니이다테〉 등

■ 실내장식 - 스토리가 있는, 좋은 품질의 공간 디자인

- 상업 시설의 공용부 실내 장식은, 디자인 스튜디오 큐리오시티(Curiosity)사의 그에나엘 니콜라스(Gwenael Nicolas)가 담당. 사람의 감정이나 신체 감각

을 제일로 생각한 휴먼 스케일의 공간 창출

※ 그에나엘 니코라: 1966년생, 프랑스 출생. E.S.A.G(파리) 실내 장식과와 RCA(런던) 공업 디자인과를 졸업했으며 인테리어, 건축부터 화장품, 그래픽 디자인 설계까지

▣ 건축 로고: 무인양품으로 유명한 겐야 하라 일본디자인센터 대표가 제작

▣ 쇼핑 상가 중앙 상부 땡땡이 디자인: 세계적인 설치 미술가 구사마야오이 작품 등 유명 건축 및 디자이너를 통한 공간 디자인 특성화

9. 다이칸야마

도심 주거 클러스트 단지 재생 사례

1. 프로젝트 개요

▣ 代官山. 단순한 아파트 개발이 아닌 도시형 주거 클러스트 단지로 개발하여, 주변 지역 활성화 및 주거민의 프라이버시를 확보한 대표적 도심 주거지 재생 사례

▣ '인간과 환경을 생각한 지속 가능한 도시 디자인'으로 마을 만들기를 성공시킨 일본의 신흥 쇼핑·관광 지역

▣ 1990년대 초, 1970년대에 지은 노후한 단지형 아파트 지역인 다이칸 야마의 재생을 위해 도시 설계에 참여했던 사람들이 '주민협의회'를 만든 것을 시작으로 다이칸 야마는 마을 전체를 하나의 지역으로 묶어서 재건축 등으로 도시 재생

▣ 마을 가로변에는 다양한 가로 경관을 유지하되 지역 커뮤니티 시설, 중심 광장 등 공공시설을 배치하고, 보행자들에게는 공개 공간을 내 줌. 상가 활성화를 위해 서로 연결해 주되 조용한 휴식이 필요한 주거지와 공원, 공공시설에 접근로를 별도로 만듦

▣ 가장 중요하게 생각하는 것은 마을 사람으로, 다이칸 야마 지역에는 마을의 다양한 이야기와 콘텐츠를 안내하는 마을 여행 프로그램이 10여 개나 되며 단지 외부 여행자들을 위한 소개가 아니라 마을의 역사와 문화 콘텐츠를 지역 주민들이 이해하고 스스로 연결하도록 함

▣ 대표 재생 사례는 힐사이드 테라스(주상복합 건물), 티-사이트(T-site, 쓰타야 서점)

▣ 고급 주택지이기도 한 다이칸 야마에는 최근 대사관이나 외국인 주거지 등도 생겨 이국적인 분위기

▣ 도로변에는 거리의 상징적 존재인 힐사이드 테라스를 비롯해 감각 있고 개성적인 숍과 레스토랑이 있어 쇼핑과 음식도 마음껏 즐길 수 있으며, 도심이면서도 큰 나무들이 남아 있고 녹음이 풍부한 널찍한 산책길이 마련되어 있음

2. 힐사이드 테라스(주상복합건물)

▣ 일본 도쿄도 시부야 구에 있는 복합 시설로 대표적 주거 재생지. 1967년부터 1998년까지 30년에 걸쳐서 힐사이드 테라스 지역 개발로 토지 소유자와 협의하에 환경 변화를 서서히 단계적으로 이룸-총 6개동으로 이루어짐

▣ 집합 주택, 점포, 오피스 등으로 구성된 복합 시설로, 과거 이 지역은 제1종 주거전용 지역으로 지정되었기 때문에 상업 시설은 인정되지 않았었지만 세계적 건축가 마키 후미히코가 행정과 교섭하여 용도 규제를 완화함

※ 마키 후미히코(槇文彦)는 일본을 대표하는 건축가로 1993년 프리츠커상을 수상함

• 힐사이드 테라스

• 힐사이드 테라스

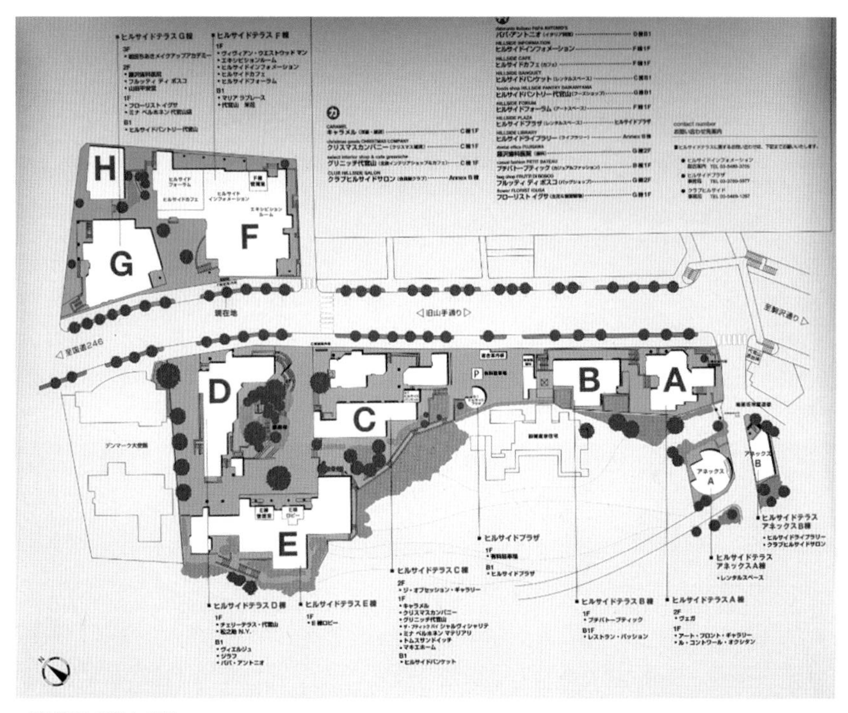

• 힐사이드 테라스 지도

3. 티-사이트(T-site)

▣ 힐사이드 옆에 위치한 책, 영화, 음악 등 문화 콘텐츠를 중심으로 한 상업 시설

▣ 개발 단계부터 다이칸야마 지역 거주자들에 대한 설문을 통해 지역에 원하는 시설(1위 카페, 2위 서점)을 집결시켜 지금의 티-사이트 탄생

▣ 크게는 3개의 건물로 이루어져 있는 쓰타야 서점과 카페, 애완동물, 수입 완구, 클리닉 등의 전문점으로 구성되어 있는 가든 부분으로 나누어져 있음

■ 〈티-사이트 쓰타야 서점 〉

구분	내용
소재지	도쿄도 시부야구 사쿠가쿠츠 17-5
개발 규모	부지 면적 11,046m1
용도	오피스, 이벤트 홀. 호텔, 주차장 등
개장	2011년 12월

• 티-사이트 외관

■ 쓰타야가 라이프스타일을 파는 서점으로 거듭난 이유는 '복합 문화 공간'의 기능에 충실한 콘셉트 때문

- 요리 서적 코너에는 그릇과 같은 주방용품이 함께 있고, 패션 서적 코너에는 귀여운 에코백과 액세서리를 배치하며, 여행 서적 옆에는 바로 항공권을 끊을 수 있도록 컴퓨터가 구비된 공간이 있음

- 2층에는 DVD와 음반 코너가 있는데 스피커와 헤드셋 판매는 물론이고, 일본 내에서는 상영되지 않았던 외국영화를 DVD로 만들어 갈 수 있음

• 티-사이트 내부 여행 서적 및 와인 진열대

• 티-사이트 내부 음악 관련 진열대

• 티-사이트 내부 바 및 카페

• 티-사이트 셰어 라운지

10. 포레스트게이트 다이칸야마

친환경 주거 복합(지속가능 복합 개발 사례)

1. 프로젝트 개요

▣ フォレストゲート代官山. 2023년 10월 '도큐부동산'이 주거, 오피스, 상업 복합 공간으로 개발함. 총 57세대로 총 60m²에서 310m² 사이의 다양한 규모로 구성되었으며 일본을 대표하는 건축가인 구마 겐고(くまけんご, 隈研吾)가 설계함

▣ 1955년에 일본 최초 외국인 고급 임대주택으로 사용되었던 '다이칸야마 도큐 아파트' 부지를 재개발한 프로젝트로 지역의 역사적 배경과 현대적인 주거 및 상업 시설이 조화롭게 결합한 프로젝트임

※ 주거 단지와 의류 매장, 잡화점, 레스토랑, 카페 그리고 고급 슈퍼마켓 등 다양한 상업 시설을 통해 인근 지역 사회에도 다양한 혜택을 제공함

▣ 문화 거점 지역으로 알려진 다이칸야마 지역에 고급 주거, 혁신적인 오피스 및 다양한 상업 시설을 통합한 지속가능한 도시 개발의 좋은 사례. 문화와 환경을 중시하여 지역 사회와의 협력을 강조하는 새로운 라이프스타일을 구현하여 지역 발전의 새로운 도시 플랫폼을 제시함

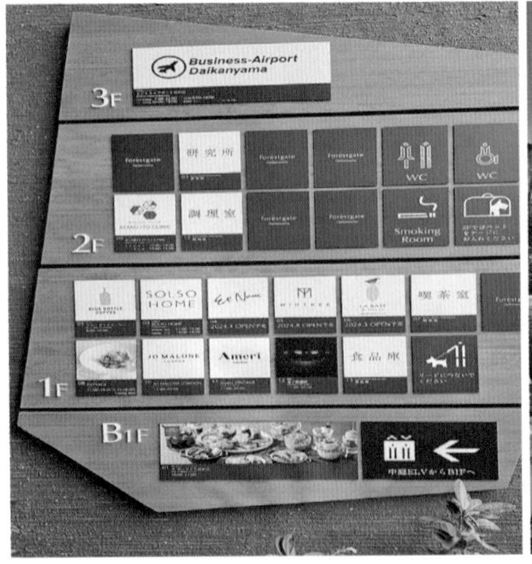
3F
Business-Airport
Daikanyama
2F
研究所
WC
WC
調理室
Smoking
Room
1F
SOLSO
HOME
喫茶室
JO MALONE
Ameri
食品庫
B1F
中庭ELVからB1Fへ

2. 시설 개요

구분	내용
부동산 명칭	포레스트게이트 다이칸야마 레지던스(Forestgate Daikanyama Residence)
주소	도쿄도 시부야구 다이칸야마초 20번 23호
구조	철근콘크리트조 일부 철골조 지상 10층, 지하 2층
규모	- 61.80m²~316.04m² - 부지 면적: 약 4,084m² - 연면적: 약 21,101m²
총세대 수	57세대
시행사	- 기본 설계: 구마 겐고 건축 도시 설계 사무소 - 전체 시공: 주식회사 다케나카 - 사업주: 도큐부동산 주식회사 - 임대: 도큐 주택 리스 주식회사
준공	- 2023년 8월
용도	임대 레지던스, 오피스 및 상업용 레지던스

▣ 상세 조감도

■ '포레스트게이트 다이칸야마'란?
MAIN 빌딩과 TENOHA 빌딩의 2개 구조로 구성된 복합 건물입니다.

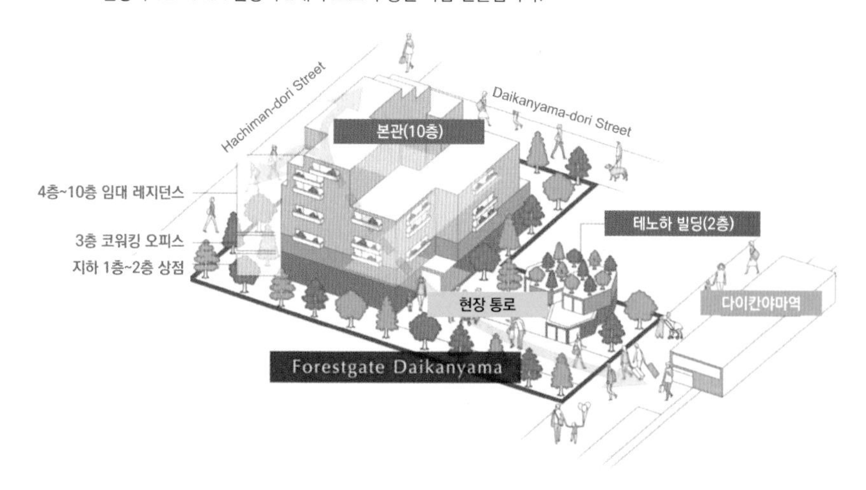

출처 TOKYU LAND CORPORATION 보도용, www.tokyu-land.co.jp/english/news/

11. 텐노즈아일 테라다 물류 센터 재생

물류 창고 부지를 문화·예술 단지로

1. 프로젝트 개요

- ▣ 天王洲アイル寺田. 도쿄 임해부의 텐노즈 아일(도쿄도 시나가와구)에 본사를 둔 물류창고업자 테라다 창고(寺田倉庫)의 물류 창고 지역을 문화, 예술 지역으로 재생한 것
- ▣ 테라다 물류창고는 1950년 10월에 창업하여 미술품, 영상·음악 매체 미디어, 와인 등 민감한 제품을 저장·보관하는 것을 기간 사업으로 하고 있으며 B to C 사업으로 웹과 사진을 활용한 새로운 수납 서비스 '미니쿠라(minikura)'를 적극적으로 전개하고 있음. 또한 미니쿠라 플랫폼을 사용한 예술 작품의 임대 사업과 월정액 과금제의 의류 렌탈 등 웹을 통한 새로운 사업을 전개하는 벤처 기업에 대한 자본·업무 제휴를 하고 있음
- ▣ 테라다 물류창고는 텐노즈 아일 지역의 활성화에 주력하며 텐노즈의 창고 지역에서 문화 발전에 주력하고 있음. 본사에 이벤트 홀, 음악 스튜디오, 다실 등을 개설하고 동 시나가와 구 시설에 갤러리를 유치하고 있으며 또한 테라다 아시아 예술상(ASIAN ART AWARD supported by TERRADA) 개최와 해외 예술 행사의 유치 등 텐노즈아일의 지역 활성화를 목적으로 한 문화·예술 지원을 적극적으로 하고 있음.

• 텐노즈 아일 전경*

• 텐노즈아일 테라다

• 텐노즈아일 테라다 갤러리

• 텐노즈아일 테라다 수변 공간

2. 텐노즈아일 테라다 문화 재생 지도

TENNOZ AREA MAP

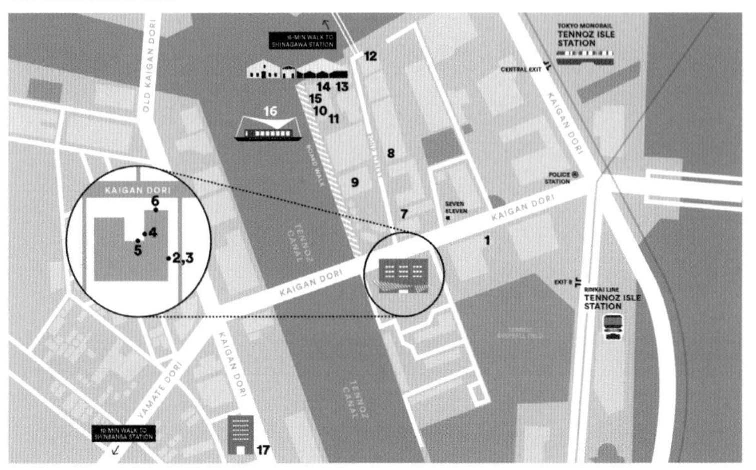

ART / SPACE / DINING / CAFE / SHOP

No.	분류	이름	전화	영업시간
1	ART, SHOP	PIGMENT	03-5781-9550	11:30AM–7:00PM Closed on MON/THU
2	ART	T-ART HALL	03-6866-1110	Contact us
3	ART	TERRATORIA	03-6866-1110	Contact us
4	ART, SHOP	ARCHI-DEPOT	03-5769-2133	TUE–SUN 11:00AM–8:00PM (Last entry 7:00PM) Closed on MON (if on hol, closed following TUE)
5	SHOP	GVIDO TOKYO	03-6712-9590	11:30AM–7:00PM Closed on SAT/SUN/MON/HOL
6	SPACE	Warehouse TERRADA G Building G3-6F, G1-5F, Studio GVIDO, OMBRE (tea room)	03-6866-1110	Contact us
7	SHOP	LORANS. TENNOZ ISLE BRANCH	03-6718-4911	11:00AM–7:00PM Closed on SAT/SUN/HOL
8	DINING, CAFE	Le Calin	03-5479-3155	MON–SAT 11:00AM–7:00PM SUN Irregular (please contact us)
9	SPACE, SHOP	TMMT	03-6866-1110	Contact us
10	DINING	SØHOLM	03-5495-9475	Weekdays 11:00AM–11:00PM SAT/SUN/HOL 11:00AM–10:00PM
11	SHOP	SLOW HOUSE	03-5495-9471	11:00AM–8:00PM No regular holiday
12	ART, CAFE	IMA gallery/IMA cafe	03-3740-0303 (amana inc.)	11:00AM–7:00PM Closed on SUN/HOL
13	CAFE	breadworks/Lily cakes	03-5479-3666 03-6629-5777	8:00AM–9:00PM
14	DINING	T.Y.HARBOR	03-5479-4555	Lunch on Weekdays 11:30AM–2:00PM L.O. Lunch on SAT/SUN/HOL 11:30AM–3:00PM L.O. Dinner 5:30PM–10:00PM L.O.
15	SPACE	B&C HALL	03-6866-1110	Contact us
16	SPACE	T-LOTUS M	03-6866-1110	Contact us
17	ART	TERRADA ART COMPLEX TAC GALLERY SPACE -3F: KOTARO NUKAGA, Kodama Gallery Tennozu, Takuro Someya Contemporary Art | TSCA, Yuka Tsuruno Gallery, 4F: ANOMALY 5F:SCAI PARK, KOSAKU KANECHIKA	—	TUE/WED/THU/SAT 11:00AM–6:00PM FRI 11:00AM–8:00PM Closed on SUN/MON/HOL

• 텐노즈아일 테라다 지도 출처: terrada.co.jp

3. T.Y. 하버 크래프트 맥주 하우스

▣ 테라다 창고회사가 운영하는 T.Y. 하버(Harbor) 크래프트 맥주 하우스는 일본에서 혁신적인 물류기업을 넘어 라이프스타일 문화 관련 경영 전략으로 물건만이 아닌 고객의 가치까지 저장한다는 개념을 도입하여 와인, 아트, 미디어, 식음료 사업 분야까지 사업 영역을 확대하는 분야 중 하나

※ 약 400석 규모의 좌석과 함께 실제 맥주가 만들어지는 브루어리 모습도 오픈되어 있어 도심의 맥주 오아시스로 불릴 정도로 유명한 곳

• T.Y. 하버 크래프트 맥주 하우스

• T.Y. 하버 크래프트 맥주 하우스

• T.Y. 하버 크래프트 맥주 하우스 내부

12. 오모테산도

아파트 재개발 - 복합 주거 상업 재생

1. 프로젝트 개요

▣ 表参道. 일본 최초의 아파트를 재개발한 복합 상업 건축물로 건물 앞의 가로수 높이에 맞추었으며 과거 일부 아파트를 보존한 사례

▣ 설계 콘셉트로 '재생과 조화, "도시의 기억, 어떻게 담을 것인가"'를 슬로건으로 함. 재생은 도준카이 아파트와 과거 오모테산도에 대한 기억의 재생을, 조화는 주변 환경(자연)과의 조화, 과거와 현재의 조화를 의미함

- 설계 당시부터 '재건'에 초점을 맞춰, 기존 아파트가 가지고 있던 도시에 대한 기억의 연결과 느티나무 가로수길과 주변 경관과의 조화를 고려

· 270m에 걸쳐 있는 정면의 느티나무 가로수 높이에 맞춰 지상고 23.3m로 지어진 건물로, 기존의 아파트 한 동을 남겨 '신구의 공존'을 도모

▣ 주변 지구의 도시적 컨텍스트에 맞춰 지구를 재생한 대표적인 도시 상업 재생 프로젝트로 상업 시설과 주거 시설이 공존하며 주변 지구(하라주쿠)와 어울리는 도시 공간 재생을 목표로 한 재개발 사업

▣ 모리빌딩이 시행·소유, 프리츠커상 수상자인 안도 다다오(安藤忠雄) 설계

▣ 지역 하이브랜드 소비자의 트렌드를 반영한 쇼핑 브랜드 입점

▣ 현재 유명 쇼핑가로 종종 '도쿄의 샹젤리제'로 불리는 105개가 넘는 상점과 38호의 주거 시설로 이루어짐

• 오모테산도 전경

• 오모테산도 힐즈 정문

2. 프로젝트 경과

구분	내용
위치	도쿄도 시부야구 진구마에 4초메 12번지 10호(도쿄 메이지 신궁 앞)
규모	지상 6층, 지하 6층, 폭 250m
사업 방법	도시재개발법에 근거한 제1종 시가지 재개발 사업(조합시행)
설계	안도 다다오 건축사무소, 모리빌딩 설계·공동 기업체
시행	오오바야시구미, 간덴코 다카사고 열학공업 주식회사, 산켄 설비공업사
시행 면적	3,600여 평(대지 면적 6,051.36m^2), 연면적 34,061m^2
추진 일정	- 1927년 도준카이 아오야마 아파트 준공(관동대지진 이후 준공된 일본 최초 아파트) - 1995년 한신아와지 대지진 이후 재개발 추진 - 1998년 설계를 안도 다다오에게 의뢰, 도쿄도에서 임차권 설정 토지 매각 - 2001년 4월 시가지 재개발 준비조합 설립 - 2003년 3월 제1종 시가지 개발 사업에 관한 권리 변환 계획 인가 - 2003년 8월 공사 착공 - 2006년 1월 건물 완공
용도	주택지, 상업지 복합시설(지하 3층~지상 3층: 상업 시설)
총사업비	181억 엔(토지비 제외)
주요 특징	- 복합 시설 용도로 거주 시설은 상부 2층에 배치 - 내부 동선을 따라 지하층에서 지상층까지 연결되는 사선형 구조(한국의 쌈지길과 유사) - 지상 느티나무 높이 23.3m에 건물 지상고를 일치시켜 경관을 유지 - 명품, 고가품 위주의 숍 입점으로 고급스러운 이미지 창출

3. 시설 개요

■ 과거 시설물 사진

• 과거 오모테산도*

■ 도시 및 주변과 조화를 고려하여 건물 높이를 느티나무의 키와 비슷(23.3m)
하게 계획

• 오모테산도 거리

▣ 내부 구조

- 나선형 통로로 이어져 있으며, 통로는 매장과 이어짐. 오모테산도 거리가 건물의 내부로 이어지도록 하는 콘셉트로 입구에 들어서서 매장을 둘러보며 자연스럽게 최상층인 3층까지 올라가게 설계

• 오모테산도 힐즈 내부

• 오모테산도 힐즈 상점가

▣ 도준카이 아오야마 아파트를 복원했으며, 갤러리나 커피 숍 등 운영

• 오모테산도 예전의 아파트

• 오모테산도 힐즈의 아파트*

13. 가든 테라스 기오이초

아카사카 프린스 호텔 재개발 - 근현대 복합 시설 재생

1. 프로젝트 개요

▣ ガーデンテラス紀尾井町. 아카사카 프린스 호텔을 재개발 복합 시설화한 사례로 세이부그룹이 시행 개발함

▣ '도쿄 가든 테라스 기오이오'라는 이름으로 주거, 오피스 및 호텔, 구 왕가 저택 복원 등 3개 지역으로 구분하여 개발함

- 지상 36층, 지하 2층 건물, 오피스·호텔(더 프린스 갤러리 도쿄 기오이초)·기오이 테라스(상업)·기오이 컨퍼런스를 갖춘 '기오이 타워'
- 지상 21층, 지하 2층의 135개 임대주택을 가진 '기오이 레지던스'
- 도쿄의 지정 유형 문화재인 구 조선이씨 왕가 도쿄 저택(구 그랜드 프린스호텔 아카사카 구관)을 보존·복원하면서 새로운 기능을 갖춘 '아카사카 프린스 클래식 하우스'로 구성해서 신구가 융합하는 복합 단지

• 가든 테라스 기오이초 전경

2. 개발 개요

1) 도쿄 가든 테라스 기오이초(2016년 7월 오픈)

▣ 부지 면적: 3만 400m²(연면적: 22만 7,200m²)

▣ 용적률: 600%

▣ 총프로젝트 비용: 1,040억 엔

▣ 구성(36층)

- 호텔: 프린스 갤러리 도쿄 기오이초 30~36층, 250개 객실, 4개의 레스토랑 및 바, 스파, 피트니스
- 사무실: 기오이 타워 5~28층, 1층당 1,000평, 임대 24개
- 상가: 1~4층, 32개 상업 시설

• 가든 테라스 기오이초

2) 주거용 기오이 레지던스: 135가구 임대

3) 아카사카 프린스 클래식 하우스

▣ 1955년 아카사카 프린스 호텔로 오픈했던 별채 서양관을 당시 상태로 복원했으며 연회장, 레스토랑, 바 등과 같은 아카사카 프린스 클래식 하우스로 탄생

• 아카사카 프린스 클래식 하우스

3. 기타

▣ 아카사카 프린스 호텔 역사

- 일본의 최고 전성기이자 거품 경제 시기인 1980년대 생겨나 2011년 철거될 때까지, 아카사카 프린스는 일본인들의 일상은 물론 정치, 경제, 사회, 문화의 중심에서 일종의 상징이었음
- 조치훈 9단이 세계 프로 바둑 선수권 대회를 치렀고, 모 대기업 총수가 결혼식을 올렸으며, 전 일본 국민적 미소녀 콘테스트라는 희한한 이벤트가 열렸고, 일본 연예인들은 물론 한류 스타들, 심지어 김연아도 이 호텔에서 투숙함

▣ 한국과의 인연

- 원래 영친왕의 개인 저택으로, 이름은 아카사카 별궁이었다고 함. 영친왕은 본래 메이지 덴노가 영친왕에게 직접 하사한 도리사카 저택에서 살았으나, 1929년에 이 저택을 반환하고 그 대신 궁내성으로부터 아카사카 소재 토지를 증여받아 저택을 건축함

- 태평양 전쟁이 끝난 후, 경제적으로 생활이 어려워진 영친왕이 1954년 세이부그룹 측에 매각했고, 세이부그룹은 이 저택을 호텔로 개조해 1955년에 영업을 시작함
- 옛 영친왕 저택인 구관 이외에 1983년에는 40층짜리 신관이 추가되었고, 객실은 신관에만 설치되었으며 구관은 레스토랑과 결혼식장으로 사용되고 있음. 영친왕의 아들 이구가 2005년에 이 신관 객실에서 사망해 다시 한번 화제가 되기도 함
- 이름에 포함된 '프린스'란 대한민국의 마지막 황제였던 순종의 동생 영친왕(의민태자로 덕혜옹주의 이복 오빠)을 의미한다는 의견이 지배적임
- 더 프린스 갤러리 도쿄 기오이초에서 왼쪽으로 조금만 가면 서양식 근대 건축물을 발견할 수 있는데, 바로 영친왕이 머물렀다는 곳으로 영화 〈덕혜옹주〉에도 등장하는 건물
- 아카사카 프린스 클래식 하우스는 1930년에 세워진 후 1955년 프린스 호텔 구관으로 개축되었고, 2011년에는 도쿄도의 유형문화재로 지정됨
- 호텔 측은 클래식 하우스를 해체하는 대신 무려 5,000톤에 이르는 건물을 통째로, 1초에 1mm의 속도로, 8일에 걸쳐 44m를 이동시켜 지금의 장소로 옮김

• 가든 테라스 기오이초의 조형물

• 가든 테라스 기오이초 분수

• 가든 테라스 기오이초 산책로

14. 간다 와테라스

도심 주거지 재생을 통한 지역 활성화 사례

1. 프로젝트 개요

▣ 神田ワテラス. 인구 감소와 노령화로 인한 지역 커뮤니티의 문제점 및 노후한 주택 등 물리적 환경 개선 문제를 해결할 수 있도록 도심 주거지 재생을 통한 지역 활성화 사례

▣ 지요다 구립 아와지 초등학교 철거지와 아와지 공원 부지 재개발

▣ 상층부에 지역 커뮤니티 일환으로 학생 전용 임대 아파트 건설(상부 2개층, 36호)

- 저렴한 임대료로 입주한 학생들은 봉사, 청소 등 지역 활동 참가 의무가 있음

▣ 동시기에 개발된 복합 시설인 소라시티와 인접 '새로운 커뮤니티가 이루어지는 거리'라는 콘셉트

▣ 2012년 설립된 아와지초 에어리어 매니지먼트 법인이 전체 커뮤니티의 지역 교류 활동을 주도

구분	내용
위치	간다 아와지초 2-101,105 도쿄 지요다구 아와지초 서부지구 시가지 재개발사업
규모	지상 41층, 지하 3층, 높이 164.8m 10,416m²(연면적 129,222m²)
용도	사무실, 주차장, 상점, 주거, 홀, 카페, 도서관
구조 유형	Highrise, 용적률 991%
준공	2013년 4월 12일
설계	간다 아와지초
특징	- 곳곳에 나무들이 자라고 물과 초록이 테마인 곳
	- WATERRAS ANNEX: 상업시설, 음식점, 슈퍼마켓, 학생 맨션
	- WATERRAS COMMON 3층 홀: '아와지초의 기억전'이 개최되어 거리의 변천과 현재와 과거 발자취의 사진전 개최 - 2개의 건물을 잇는 아트리움은 매우 넓은 오픈 스페이스 - 운영사: 야스다 부동산 - 輪+和+Water를 의미하는 와(Wa)와, 照らす+テラス+Terra를 의미하는 테라스(Terras)를 합쳐 WATERRAS로 지구 명칭 결정(2011년)

• 와테라스 외관

2. 개발 경과

▣ 1997년 7월 아와지 지역 도시 정비 계획 추진 협의회 발족

- 주변에 아키하바라의 전자상가 거리, 오차노미즈역의 학생 거리, 칸다오가와 마치의 스포츠용품 거리,·간다스다초의 노포거리 등 방문객이 끊이지 않는 개성적인 지역으로, 그것들을 연결하는 거점 목적

▣ 2001년 4월 아와지초 2초에지구 재개발 준비조합 발족

▣ 2002년 6월 도시 재생 특별지구(도시 재생 긴급정비지역) 지정

▣ 2007년 4월 도시계획 결정(아와지쵸 2츠에지구 제1 종 시가지 재개발 사업)

▣ 2008년 6월 조합 설립 인가

▣ 2010년 3월 북쪽 구획 공사 착공

▣ 2012년 2월 남쪽 구획 공사 착공

▣ 2012년 12월 일반 사단법인 아와지 에어리어 매니지먼트 발족

▣ 2013년 2월 북쪽 구획 공사 준공

▣ 2013년 4월 와테라스(Waterras) 오픈

• 와테라스 하부

3. 시설 내용

▣ 메인 고층 빌딩 'WATERRAS TOWER', 별동 'WATERRAS ANNEX'로 구성. '물과 초록'을 테마로 한 정원도 배치

- 타워동: 333호의 분양 아파트, 저층부 오피스, 커뮤니티 시설
- 부대동: 상업시설, 오피스, 학생 기숙사(상층부 2개층 36호의 원룸 학생 임대 주택)

▣ 테라스 스퀘어

- 간다 니시기초 산초메 공동 건축 계획으로 5사 공동 개발
  - 하쿠호도, 스미모토 상사, 미쓰이 스미모토 해상, 다이슈칸 서점, 야스다 부동산
- 광장의 애칭은 '금3·시치고산태공원'

※ 시냇물 소리 들리고 초록에 둘러싸인 느긋한 공간 조성

4. 기타 특징 및 시사점

▣ 지역 활동 운영 조직을 법인화하여 와테라스 전체의 지역 교류 활동이나 학생 거주자 커뮤니티 활동 운영, 주변 지역과의 연대 활동, 환경 미화 활동 등을 추진

▣ 지역 자원으로 학생을 생각했다는 것, 지역에 학생 등 젊은 사람들을 유치한 후 저렴한 가격(20~30% 할인)으로 주거하는 학생은 지역 커뮤니티 활동을 의무화하여 지역에 대한 참여 의식을 키우고, 학생들이 제안하는 지역 운영에 대한 기획력(아이디어)은 지역 운영 및 발전에 중요한 역할을 하고 있음

• 와테라스 마켓

• 와테라스 마켓 입구 표지판

• 와테라스 마켓의 꽃 상점

15. 그랑벨 스퀘어

호텔, 레스토랑, 스파, 나이트클럽 등으로 구성된 대형 복합 상업 시설

1. 프로젝트 개요

▣ グランベルスクエア. 도쿄 긴자 코리도 거리 중심에 위치한 지하 3층, 지상 10층으로 이루어진 복합 상업 시설로 2023년 4월에 개관함

▣ 주요 시설로 호텔, 스파, 루프탑 레스토랑, 나이트클럽 등이 있으며 라이브 음악 공연장 '베이스 그랑벨'이 2025년 10월 6일 개관 예정이며 시행사는 주식회사 베루나

▣ JR 신바시역과 도쿄 메트로 긴자역까지 도보 5분 거리에 위치하여 우수한 입지를 자랑하고 있으며 비즈니스와 관광을 위한 최적의 숙박 거점을 제공함

• 그랑벨 스퀘어 외부 모습 출처: www.granbellhotel.jp/en/ginza/

▣ 시설 개요

구분	내용
위치	긴자 7-2-18 그랑벨 스퀘어, Chuo-KU Tokyo 104-0061, JAPAN
면적	10,789.52m^2
시행사	주식회사 베루나
준공	2023년 4월
용도	복합 상업 시설
층수(높이)	지하 2층~지상 10층

2. 주요 특징

▣ 지하 2~3층에는 최첨단 서비스를 제공하는 나이트클럽 주크가 있으며 3층 마사지 및 바디 관리숍에서는 태국 전통 기법을 활용한 마사지를 이용할 수 있음

▣ 4층 스파 시설에서 90도의 건식 사우나실, 45도 스팀 사우나를 함께 이용할 수 있으며 긴자에서 보기 드문 노천탕 공간을 완비하고 있음

▣ 5층 프론트 로비에서는 비접촉 스마트 체크인이 가능하며 6~9층에 위치한 객실은 모던 아르데코 인테리어와 브론즈 가구로 꾸며진 10가지 타입의 총 102실을 보유하고 있음

▣ 10층 루프탑 레스토랑에서는 긴자 거리를 바라보며 조식을 먹을 수 있으며 매주 금, 토, 일 3일간 루프탑 바에서 다양한 종류의 칵테일과 과일을 즐길 수 있음

• 층별 안내 출처: home.ginza.kokosil.net/ko/archives/99111

16. 아키하바라 지구

쇠퇴한 아키하바라 전자 제품 지역에 대한 재생 사업

1. 프로젝트 개요

▣ 秋葉原地區. IT산업 거점의 도시 형성을 목표로 간다 시장과 구(舊) 국철 아키하바라 화물역의 유적지와 주변지를 대상으로 한 도시 재생 프로젝트

▣ 아키하바라 지구는 일찍이 일본을 대표하는 전자상가로 유명했으나 거품경제 이후 도시의 침체기를 겪음. 이후 도심 재생 사업을 통해 슬럼화된 전자상가에 옛 명성을 부활시키고 기존 전자제품 판매 지역에 캐릭터 위주 소프트웨어 사업을 융합함

▣ 아키하바라는 도심부에 위치한 철도 환승역으로서 도쿄 시내의 중요한 교통 결절점 기능을 함. 특히 도쿄에 인접한 학원도시 '쓰쿠바시'와 연결하는 쓰쿠바익스프레스의 개통과 더불어 철도역을 따라 배후 인구 300만 명의 터미널 기능을 담당. 이런 지구 특성을 살려 도시 재생 프로젝트의 사업 영역을 확대 제안해 정보기술산업의 세계적인 거점을 형성하기 위한 도시 재개발 프로젝트로 발전시킴

▣ 아키하바라 도시 재생 프로젝트는 부동산 증권화 수법이 최초로 실현된 사례로 'IT 산업 거점의 도시 형성'을 목표로 도쿄도가 중심이 되어 2012년까지 전 지구의 시설 완성을 목표로 정비 재생 사업 진행

▣ 토지 정리 사업 시행 구역은 지요다구와 다이토구에 걸치는 약 8.7ha 면적의 부지로 현재 건설된 시설로는 사무소 용도의 도쿄청과 아키하바라빌딩, 주

택 용도의 도쿄 타임스 타워, 공공시설인 칸다 소방서 등이 있음

■ 개발 개요

구분	내용
시행 지역	아키하바라 전자제품 밀집 지역
추진 일정	- 1992년 개발기본방침 결정 - 1997~2012년 개발 기간
개발 주체	UDX 특정목적회사(SPC)
면적	약 8.7ha
용도	오피스, 산학연계기관(대학, 기관, 기업) 메이드카페, 컨벤션 홀, 레스토랑 등 상업 지구

• 아키하바라 UDX 외관*

2. 개발 경과

▣ 개발 계획

- 토지 이용 계획의 특징

· 철도선로 상부를 개발하는 복합 역사 개발을 포함해 모두 6개의 존으로 나누어 상업, 업무, 주거 등 도시 복합 기능을 지구별로 특화해 유치

· 특히 문화·정보·교류의 IT 관련 기능을 집중적으로 입지시켜 종전 아키하바라 지구의 특성을 충분히 살린 IT 산업 거점이 되도록 구성

▣ 개발 프로세스

- 토지 구획 정리 사업으로 도시 기반 시설을 정비하고 아울러 정보 발신 거점이 되는 IT 센터의 도입에 의한 정보 기술 산업의 세계적인 거점을 형성한다는 도쿄도 아키하바라 도시계획 가이드 라인이 근간이 되어 재개발 계획이 입안됨

- 도쿄도 소유의 토지가 사업주에게 양도되고 건축물이 착공될 때까지 약 1년 소요됨

- 사업자 측면에서 보면 각종 인허가 프로세스가 빠른 시간(약 1년)에 이루어져 도시 개발 프로젝트와는 다른 도시 블록 개발의 프로세스를 가진 점이 특징

▣ 계획 및 공간 디자인상의 특징

- 도시 가구 블록별 차별화

· 토지 구획 정리 사업을 통해 도시 가구 블록을 명확하게 구분하고 가구 블록별로 차별화된 용도와 공간 디자인을 추진함. 이렇게 가구 블록별로 분산된 건축물군은 2층 레벨의 보행자 전용 데크(스카이브리지)를 통해 하나로 연계됨

· 사람들의 교류와 집산이 가능한 교통 광장을 중심으로 상업 시설 등의 입지를 유도하고 북측의 가구 블록에는 주거 기능을 집약하고 공원 정비 등을 통해 좋은 거주 환경을 형성함. 기존 전자상가에 인접한 서측과 동측 지구는 업무와 상업 시설을 고려하여 IT 거점을 형성할 수 있는 시설의 입지를 적극적으

로 유치함

- 복합 개발에서 나타날 수 있는 주거민의 프라이버시 침해 우려를 공공성과 적절하게 조화시킴으로써 차별화된 주거 공간 연출

• UDX 빌딩(왼쪽)과 빌딩 전경(오른쪽) 출처: 도시재생종합정보체계

- 보행자 데크에 의한 지구의 활성화 유도

- 가구 블록별로 기능과 계획 수법을 특화하면서 지구 전체를 하나로 연계할 수 있는 보행자 데크를 설치해 지구의 일체화를 도모함
- 보행자의 안전성 확보, 지역 내의 접근성 향상을 위해 보도상부는 물론 블록별 건축물의 저층부를 관통하는 2층 레벨의 보행자 데크에는 업무 시설의 로비 공간, IT 센터, 판매 시설 등 다양한 도시 지원 시설을 배치해 지구 전체의 일체화와 활성화를 유도함
- 2층 레벨에 계획된 보행자 데크와 1층 도시 가로 공간과의 원활한 연계 동선 처리를 위해 다양한 연계 공간 디자인을 시도하고 있음

• 가구 블록(왼쪽)과 보행자 데크(오른쪽)　　출처: 도시재생종합정보체계

- 저층부 개방화를 통한 지구 전체의 공공성 확보
  · 1층과 2층 보행자 데크 등 건축물의 저층부에는 상업 및 판매 시설 유치를 통한 지구의 개방성을 최대화하면서 다양한 내방객의 유입 시도
  · 1층부 가로 공간의 활성화를 위한 1층부 필로티 공간, 세련된 가로 보행 공간, 상업 시설의 유치는 물론, 2층 데크 레벨에 연결되는 오픈 스페이스 공간의 다양한 디자인을 통해 지구 전체의 개방성과 활성화 도모

• 저층부 개방형(왼쪽)과 저층부 광장(오른쪽)　　출처: 도시재생종합정보체계

■ 구 국철 아키하바라 화물역의 유적지와 주변지를 대상으로 도시 재생 프로

젝트

- 철도 지하공간을 재생하여 편집 숍으로 명소화한 사례(1912, MAACH)

• 아키하바라 재생 공간

• 아키하바라 재생 공간

• 아키하바라 재생 공간

• 측면에서 바라본 아키하바라 재생 공간

17. 호텔 코에 도쿄

라이프스타일 브랜드 및 카페 복합 개발(플래그십과 호텔)

1. 프로젝트 개요

▣ ホテルコエ東京. 라이프스타일 브랜드 '코에(koé)'의 브랜드 콘셉트인 '새로운 문화를 위한 새로운 기본(new basic for new culture)'을 구현하는 장소로 호텔이라는 단어가 가진 한정적인 고정관념에서 벗어나 스테이, 패션, 음악, 음식이라는 키워드를 중심으로 일상과 비일상을 융합한 문화 복합 장소

• 호텔 코에 도쿄 외관

▣ 매장 구성

- 1층: 베이커리 레스토랑 '코에 로비', 이벤트 공간 '코에 스페이스'
- 2층: 의류 매장 '코에' 시부야 점
- 3층: 라운지가 있는 '호텔 코에'

▣ 쇼핑부터 이벤트, 식사, 숙박 등을 모두 한 번에 해결할 수 있음

• 호텔 내부 카페

• 호텔 내부 쇼핑몰

• 호텔 내부 쇼핑몰

18. 시부야 복합 개발

부동산, 국철 운영 공공기업, JR, 도쿄메트로 개발 프로젝트

1. 프로젝트 개요

▣ 渋谷 複合開發. 도요코선 지하화 사업으로 생긴 대규모 사업 용지를 활용한 9개 대규모 재개발 사업으로 2005년 도시긴급정비지역(139ha)으로 지정됨. 2012년부터 2027년까지 시부야 일대 건물들과 복합 시설역을 연결하는 대규모 복합 개발 프로젝트

▣ 토큐, JR, 도쿄메트로, 게이오의 5개 역 8개선 철도 노선 분기점으로 하루 유동 인구 300만 명의 가장 번화한 지역. 도쿄 신거점 조성을 위해 도큐부동산, 국철 운영 공공기업인 JR, 지하철을 운행하는 도쿄메트로와 도쿄급행철도사가 연합하여 도쿄에서 가장 멋진 교통, 패션, 젊음 및 IT 거점 지역으로 개발을 주도함

▣ 공원 조성을 위한 도큐부동산의 기부채납으로 800%의 용적률을 1,300%까지 높였으며 시부야를 타임스퀘어와 같은 명소로 만들고자 하는 계획을 가지고 있음

• 시부야 스크램블 출처: www.shutterstock.com

2. 프로젝트 내용

▣ 시부야역 주변 지역에는 히카리에, 시부야역 남부 지역, 도겐자카, 사쿠라가오카 등 4대 개발이 계획되어 있으며 터미널 자체도 재건축 예정

• 시부야 복합 개발 지역 상세 프로젝트

3. 주요 프로젝트

1) 시부야 히카리에 - 지역을 연결하고, 사람과 사람의 시간을 연결

- ▣ 시부야역 동쪽에 위치했던 도큐 문화 회관 철거지에 건설된 복합 상업 시설로 2012년에 완공됨. 쇼핑, 오피스, 엔터테인먼트 타워로 부지 면적 약 9,640m², 연면적 약 14만 4,000m², 지상 34층, 지하 4층,183m 높이의 초고층 복합건물
- ▣ 초고층 빌딩에는 사무실, 레스토랑, 8층의 소매 공간, 컨퍼런스 및 창의적인 프로젝트를 위한 장소뿐만 아니라 뮤지컬 및 기타 공연이 열리는 11층의 도쿄 시어터 오르브가 있음

2) 시부야 스트림 - 창의적인 콘텐츠와 스타트업의 인큐베이팅 성지

- ▣ 구 도요코선 시부야역의 홈 및 선로 철거지를 이용한 시부야역 남쪽 지역에 2018년 재개발한 업무, 호텔, 상업 및 스타트업 시설로 구성된 복합 개발 프로젝트. 부지 면적 약 7,100m², 연면적 약 11만 6,700m²로 180m 높이, 지하 4층에서 지상 35층 규모
- ▣ 시부야 스트림의 건물 이름은 인근 시부야 천이 흐르고 있는 시냇물에서 유래하며 건물 내부에 엑셀도큐호텔 및 세계적인 IT 기업인 구글오피스가 있음

3) 시부야 스크램블 스퀘어 - 업무, 상업, 교류 시설, 전망대 등

- ▣ 시부야역에 직결한 대규모 복합 상업 시설로, 오피스, 교류 스페이스 및 시부야스카이 전망대로 구성됨. 부지 면적 약 1만 9,300m², 연면적 약 27만 6,000m², 총 3개 동으로, 현재 메인 동인 동쪽 시부야 스크램블 스퀘어는 2019년 완공되었음
- ▣ 3개동 건물은 동쪽 건물인 시부야 스크램블 스퀘어(229.71m, 47층), 중앙 건물(61m, 10층), 서쪽 건물(76m, 13층)로 구성되어 있음. 단지 동쪽 건물인 시부야 스크램블 스퀘어 초고층 건물은 2019년 10월 완공되었으며 면적은 18만 1,000m², 높이 230m, 지하 7층에서 지상 47층 및 스카이전망대로 구성됨

4) 시부야 캐스트 - 상업 시설, 창의적 코워킹 공간, 주거 복합 시설

▣ 상점, 사무실, 아파트 건물 등으로 구성된 복합 시설로 도큐상사, 타이세이 상사, 삿포로부동산개발, 도큐건설이 투자하여 2017년 4월 28일 완공한 복합 개발 프로젝트

▣ 부지 면적 약 5,000m^2, 연면적 약 3만 5,000m^2의 지하 2층에서 16층 규모로 시부야, 아오야마, 하라주쿠 3개 지역의 문화를 연결하고 교류하며 새로운 문화 거점을 상상하기 위해 재개발되었으며 상업 시설, 일반 사무실, 공유 사무실, 임대주택 등으로 구성됨

5) 미야시타 공원 - 공원 및 주차장 부지 활용 상업 시설, 호텔 등 복합 개발, 2020년

▣ 시부야구와 미쓰이부동산이 협력하여 오래되고 노후화된 미야시타 공원 및 주차장 부지를 2030세대가 찾는 상업 시설, 호텔 등의 복합 개발로 재생시킨 프로젝트로 2020년 오픈

■ 1966년 1층 주차장 위에 도쿄 최초의 옥상 공원으로 조성되었는데 시설이 노후화하자 수익 시설의 설치와 운영을 통해 발생하는 편익을 활용해서 공원 시설을 정비하는 민관 연계 공모 설치 관리 제도(Park-PFI)의 성공적 활용 사례로 볼 수 있음

■ 미쓰이부동산은 공원, 상업 시설, 호텔, 주차장을 유기적으로 연결하는 공간을 기획하고 4층에는 공원, 1~3층에는 상업 시설을 배치함. 공원에는 스케이트장, 배구 샌드 코트, 호텔 등이 있으며 저층 상업 시설은 패션, 식당, 카페, 아트 갤러리, 루이비통 등 명품 쇼핑몰로 구성되어 있으며 1층에 총길이 100m에 달하는 일본 전국의 맛을 대변하는 19개의 이자카야 시부야 요코초가 있어 야간에 특히 더 인기가 많음

• 논베이 요코초 선술집촌

■ 사업 개요

구분	내용
사업명	미야시타 공원 등 정비 사업 관련 공모형 프로포절
위치	도쿄도 시부야구 시부야 1초메/카메미야마에 6초메
개발 구역 면적	약 8.1ha
면적	부지 10,740m², 연면적 약 46,000m², 길이 약 300m
시설 규모	구립공원, 상업동(1~4층), 호텔동(4~18층/240실), 주차장(375대)
사업 목적	1) 녹지와 물 공간축 실현 및 활기 창출 2) 시부야역 중심지구 재개발과의 연계성 강화, 역과 공원 접근 강화 3) 2020년 도쿄올림픽, 패럴림픽을 맞이하며 어울리는 공원
사업 기간	30년간 사업용 정기 차지권 설정, 총 235억 2,100만 엔 구에 지불 정비 시설 중 공원과 주차장 등은 시부야구 시설 공원 지정 관리자로 미야시티공원 파트너스 선정(2019년) (기간: 5년, 지정 관리비 연간 약 1억 3,200만 엔)
사업 진행	신(新)미야시타 공원 등 정비 사업 공모형 프로포절로 사업자 선정(2014년), 기본협정체결(2015년), 준공(2020년)
사업자	미쓰이부동산

6) 도겐자카도리 - 시부야 쇼핑, 사무실 및 호텔 등의 대형 복합 시설

■ 쇼핑 상가, 최첨단 설비를 갖춘 사무실 및 라이프스타일 부티크 호텔 등으로 구성된 복합 시설로 시행사 퍼시픽·인터내셔널 홀딩스가 시부야역 근처의 '문화촌 거리'와 '도겐자카 코지'에 위치한 두 거리에 28층 규모(115m)의 복합 시설을 개발함

■ 건물 공간을 길처럼 사용할 수 있도록 시설 내부와 외부가 연결되는 4개의 출입구를 만들어 시설 내부를 통과해 주변의 복잡한 뒷골목을 이용할 수 있도록 함

■ 1, 2층의 쇼핑 상가, 최첨단 설비를 갖춘 오피스, 도시 문화를 잘 반영한 부티크 호텔인 인디고 도쿄 시부야로 구성된 대형 복합 시설로 시부야에서 일하고, 여행하고, 쇼핑하고, 숙박하는 새로운 명소로 자리매김함

■ 대형 할인마트 돈키호테의 프라이빗 브랜드 도미세, 일본 최초 진출 햄버

거 릴우디즈(Lil Woody's), 지올리티(Giolitti) 젤라토 등 유명 브랜드 입점, 2023년 8월 오픈

출처: 도겐자카도리 공식 홈페이지

■ 사업 개요

구분	내용
위치	도쿄도 시부야구 도겐자카 2-25-12
구조	철골조, 일부 철근 콘크리트조
규모	- 연상 면적: 41,767m²(1만 2,634평) - 부지 면적: 5,896m²(1,784평)
층수	- 건물 높이: 114.8m(최고 118.7m) - 지상 28층, 지하 1층 ※건축 기준법상(지상 27층, 지하 2층) - 1~2층: 숍 - 3~10층: 오피스 - 11~28층: 호텔 플로어(1층, 3층: 호텔 입구)
사업자	- 주식회사: 팬 퍼시픽 인터내셔널 홀딩스 - 유한회사: 도겐자카 카부토빌(히가시부 요코) - 주식회사: 산·에트와르(호시노 코이치)
건축	- 개관: 2023년 8월 24일 - 준공: 2023년 3월 31일
용도	점포·음식점·사무소·호텔·주차장

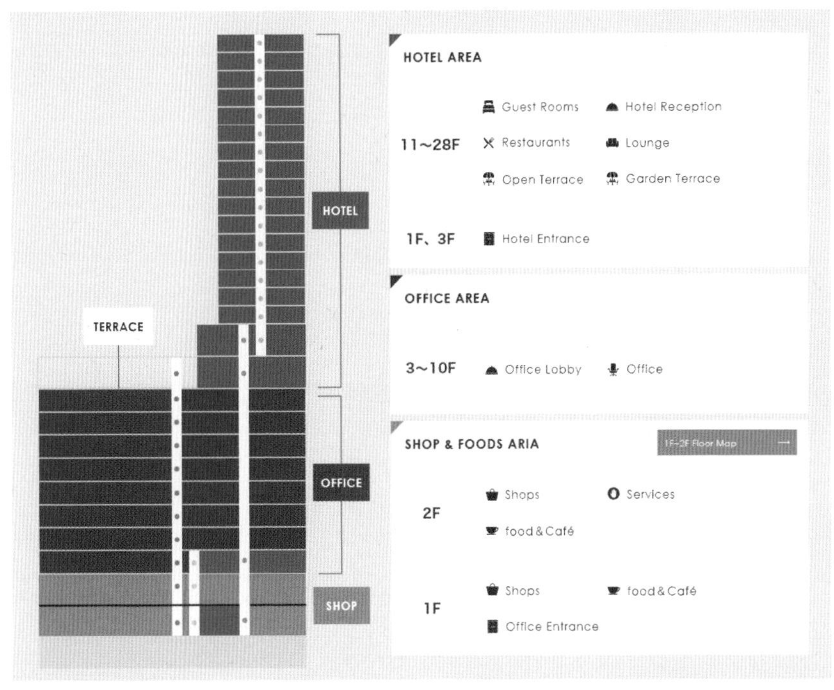

• 도겐자카도리 층별 안내도

출처: 도겐자카도리 공식 홈페이지

19. 니혼바시 코레도

상업 중심지로서 지역을 일체화한 지구 재생 프로젝트

1. 프로젝트 개요

- ▣ 日本橋コレド. 미쓰이부동산에서 상업 중심지로 지역을 일체화한 지구 재생 복합 개발 프로젝트
- ▣ 코레도(Corede)는 'Core(중심)'+'Edo(에도)'의 합성어로 도쿄의 옛 이름인 에도를 통해 도쿄의 문화 핵심 중심지라는 뜻을 내포함
- ▣ 니혼바시 재생 계획의 일환으로 추진되고 있는 니혼바시 무로마치 동자구의 5개 블럭 일대 재개발로, 오피스, 임대주택, 다목적 상가 등의 기능을 복합시킨 총건평 18만m^2가 넘는 대규모 복합 재개발 및 도시 디자인 사례
- ▣ 회사원이나 중년들의 모습이 보이던 니혼바시 지역은 최근 미쓰비시에서 개발한 '코레도 무로마치 2'와 '코레도 무로마치 3' 등의 유명 음식점과 쇼핑몰 입점으로 젊은 고객층이 많아지고 있음
- ▣ 2007년 도시재생특구로 승인되고 지역 유지 기업인 미쓰이부동산이 사업자로 참여하여 코레도 시리즈로 오피스-상업-주거 시설의 복합 재생 프로젝트를 진행함
- ▣ 도쿄역 동부 역세권 니혼바시는 도쿄역에서 도보 5분, 황궁까지 도보 10분 거리인 역사와 문화, 상업의 중심지로, 장어와 스시, 전통 일식에서 양식까지 400여 년간 일본의 수도였던 에도의 전통이 지금도 살아 있는 거리
- ▣ 2014년 3월, 니혼바시에 코레도 무로마치 2, 3이 완공되면서 니혼바시의 이

미지는 비지니스 타운 혹은 부유한 어르신들의 쇼핑 타운이라는 이미지에서 매우 모던하고 깔끔하면서도 일본 전통 문화의 향취가 곳곳에서 묻어 나는 지구 재생 일체화 지역으로 탈바꿈함

▣ 도쿄역 서부 역세권 마루노우치는 과거 무사들이 주로 거주했던 곳으로 미쓰비시지쇼 도시 재생의 첫 성공 사례로 꼽히는 마루노우치 빌딩을 시작으로 한 첨단 복합 건물 개발지인 반면 도쿄역 동부 역세권 니혼바시는 미쓰이부동산이 2000년부터 도시 재생 사업을 실시함

※ 특이한 점은 마루노우치는 미쓰비시지쇼와 미쓰비시 계열사 등 기업들이 땅과 건물을 소유하고 있는데 비해 니혼바시는 노포(老舖, 대대로 물려받은 점포)가 80~100여 개 자리 잡고 있었음

▣ 도시 재생 목적으로 17년간의 긴 협의 과정이 필요했던 롯폰기 힐즈와 같은 협의 기간 필요성이 대두대자 미쓰이부동산이 소유한 토지는 전체 개발 면적의 20% 미만에 불과해 미쓰이부동산은 니혼바시 지역 사회의 일원이라는 자세로 상인들과 마을 만들기 공부회를 여는 등 접촉을 늘리면서 개발함

• 니혼바시 코레도 전경 출처: nihonbashi-tokyo.jp

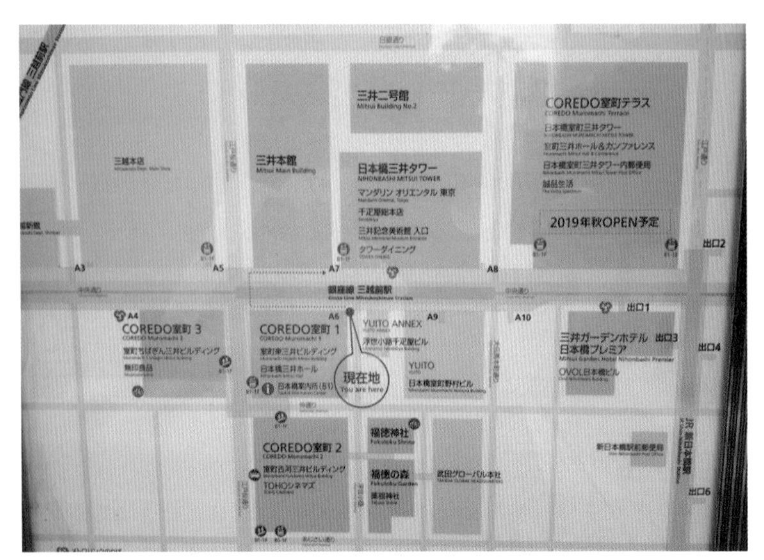

• 지역 지도

• 니혼바시 코레도

• 니혼바시 코레도 노포

• 니혼바시 코레도 노포 길거리

2. 개발 경과

▣ 2010~2014년 사이 '코레도 무로마치 1~3차' 초고층 빌딩 준공

- 도큐백화점 니혼바시점의 폐점(1999년) 후, 2004년 미쓰이부동산이 그 철거지에 새로운 상업시설 코레도 니혼바시를 오픈한 것을 계기로 니혼바시 재생 계획 시작
- 2007년 니혼바시 무로마치 동쪽 지구 개발 계획 도시재생특구로 인정
- 2010년 10월 무로마치 동쪽 미쓰이 빌딩 오픈(코레도 무로마치)
- 2014년 3월 무로마치 후루카와 미쓰이 빌딩, 무로마치 미쓰이빌딩 개업(코레도 무로마치 2, 코레도 무로마치 3)

▣ 코레도 무로마치 개요

- 지상 22층 높이의 3개 복합시설 건물의 지하 1층부터 지상 6층까지 각각 1, 2, 3으로 나누어 여러 시설들 구성
- 일본을 즐겁게 하는 니혼바시를 콘셉트로, 니혼바시의 역사가 머무는 100년 이상 된 노포부터 인기 숍과 레스토랑 등이 즐비한 에도 시대의 활기를 재현하는 상업 존과 함께 라이브, 연극, 전통 공연 등을 관람할 수 있는 엔터테인먼트 존 구성
- 위치: 도쿄 주오구 니혼바시무로마치

① 2-2-1(코레도 무로마치 1) 104.99m

② 2-3-1(코레도 무로마치 2) 116.05m

③ 1-5-5(코레도 무로마치 3) 80m

	무로마치 히가시 미쓰이 빌딩	에어리어 1-5	에어리어 2-3	에어리어 2-5
위치	도쿄, 츄오구			
주요 용도	오피스, 소매점, 복합용도	오피스, 소매	오피스, 주거 문화시설	신사, 소매점
면적	2,500m^2	1,900m^2	3,700m^2	530m^2
연면적	오피스 14,000m^2 기타 7,200m^2	오피스 9,300m^2 기타 5,000m^2	오피스 20,000m^2 기타 14,000m^2	기타 150m^2
소유	100%	공동 소유	공동 소유	100%
시공 일자	2009년 3월	2012년 8월	2011년 11월	2009년 11월
완공 일자	2010년 10월	2014년 1월	2014년 1월	2014년 6월

3. 기타 특징 및 시사점

- 2004년 시작한 도시 재생 10년 만에 얻은 첫 결실로 세련된 도시미를 내세운 마루노우치와 차별화하기 위해 노포 현수막(のれん·暖簾)과 화지(和紙)로 만든 행등(あんどん·行燈) 등 에도 시대 정취를 한껏 살린 디자인으로 설계해 최근 도쿄역 주변의 핫플레이스로 급부상
- 도시 재생 과정에서 상인들을 멀리 내쫓지 않고 인근에 대체 영업지를 일일이 마련해 주고 건물이 완성되면 돌아올 수 있도록 배려하여 민간 기업이 원주민 80% 이상을 재정착하게 함
- 미쓰이부동산은 니혼바시 노른자 땅에 초고층 빌딩 대신 1,000년 역사를 지닌 신사(神社)를 재건하고 그 옆에 '도심의 숲' 콘셉트로 공원을 조성함. 건물 옥상에 지을 수도 있지만 지상에 지역 주민들이 원하는 쉼터를 만들기 위해서였음. 그리고 지역 축제 등을 도쿄도청에 제안해 그 대가로 옆 건물에 대한 용적률 상향 보너스를 받음
- 미쓰이부동산은 코레도 무로마치 빌딩 지하에 '니혼바시 안내소'를 운영하면서 지역 상인들과 함께 니혼바시를 소개하는 잡지를 발행하며 지역 축제

를 기획하고 직접 참가하여 지역 주민과 함께하는 기업이라는 인식을 심음

▣ 니혼바시 역시 저층부는 시민에게 돌려주고 고층부는 호텔이나 오피스 등 수익을 창출할 수 있도록 함

- 코레도 무로마치라는 고층 복합 빌딩을 개발하면서 저층부는 기존에 있던 노포를 세련되게 인테리어해 주고 젊은 사람들이 가장 좋아하는 식당으로 개발하게 함

▣ 미쓰이부동산은 '코레도 무로마치 1~3차' 완성에 이어 2020년부터 2단계 개발을 추진

- 1933년 준공돼 주요 문화재로 지정된 다카시마야 백화점을 그대로 보존하면서 양 옆으로 26층과 31층짜리 복합 빌딩을 2018년까지 준공하는 등 2020년 도쿄올림픽 개최 시기에 맞추어 복합적으로 개발 완료함

20. 도큐 프라자

전통 유리 공예를 모티브로 삼은 긴자의 대형 상업 시설

1. 프로젝트 개요

▣ 東急プラザ. 에도 기리코(江戸切子, 일본 전통 유리 공예)를 모티브로 하여 만들어진 대형 상업 시설

▣ 약 125개의 매장이 들어서 있으며 도내 최대 규모를 자랑함

▣ 특히 6층의 '기리코 라운지'와 옥상의 '기리코 테라스'가 무료로 개방되어 있기 때문에 많은 관광객과 방문객이 찾음

▣ 기리코 라운지는 바닥부터 천장까지 이어지는 창문이 특징이며 긴자의 메인 거리를 내려다볼 수 있음

▣ 기리코 테라스는 다양한 식물들로 꾸며져 있으며 2개의 공간으로 나뉘며 수직 정원형태의 '녹(綠)'과 물을 채워 수영장 형태를 띠는 '수(水)' 그리고 '녹'의 공간 안에 벚꽃 나무가 한 그루 있는 것이 특징

▣ 기리코 라운지는 주중과 토요일은 오전 11시에서 오후 11시까지 개방하며 일요일과 휴일에는 오후 9시까지 개방하고 기리코 테라스는 오전 11시부터 오후 9시까지 개방함

▣ '긴자의 문'이란 별명을 가지고 있음

구분	내용
개장일	2016년
연면적	60,000m²
건축가	니켄 세케이(Nikken Sekkei)
클라이언트	Tokyu Land Corporation

• 도큐 프라자 긴자*

• 기리코 라운지

• 기리코 테라스

• 기리코 테라스 휴식 공간

21. 시오도메 카레타

복합 개발 프로젝트

1. 프로젝트 개요

▣ 汐留カレッタ. 51층의 초고층 건물

- 지상 48층은 최대 광고 회사인 '덴쓰' 본사 빌딩
- 슬로 라이프를 콘셉트로 복합 문화 공간
- 화려하고 아름답기로 정평이 나 있는 일루미네이션 관람
- 도쿄 전경을 감상할 수 있는 스카이 레스토랑 입점
- 일본 광고 역사를 한눈에 볼 수 있는 최초의 광고 박물관 애드뮤지엄 도쿄
- 지하 2층 카레타플라자에는 카레타를 상징하는 거대한 바다거북 모양의 분수
- 46층의 무료 전망대(1분도 걸리지 않는 고속 엘리베이터 탑승)

※ '카레타'의 유래: 고대부터 지구를 지키는 신이자 영원한 번영, 여유로운 라이프스타일 추구를 상징하는 바다거북에서 유래

• 시오도메 카레타 빌딩 외관

2. 장소 구성

▣ 47층의 스카이 레스토랑에서는 도쿄의 전망을 볼 수 있음
▣ 1~3층의 경우 캐니언테라스(Canyon Terrace)로 다양한 레스토랑과 카페가 있으며 계곡을 형상화한 것이 특징
▣ 지하 1~3층은 카레타 몰(Caretta Mall)로 다양한 이벤트 및 상점들이 있으며 특히 지하 2층 카레타 프라자에서는 라이브 공연과 이벤트가 개최됨
▣ 이벤트 중 겨울에 열리는 시오도메 카레타 윈터 일루미네이션은 공간에 다양한 조명을 설치한 겨울 분위기의 이벤트로 많은 인기를 끌고 있음

▣ 보행자와 주민들을 중심으로 연결한 구성이 특징적이며 보행 데크를 통하여 건물과 건물을 하나로 연결하고 있음

▣ 미야자키 하야오 태엽시계-2006년 지브리스튜디오와 니혼 TV 합작품

- 세계 최대의 태엽시계로 미야자키 하야오의 애니메이션 〈하울의 움직이는 성〉을 주제로 지브리 스튜디오에서 디자인함
- 총 28t의 무게와, 1,228장의 동판을 사용하여 만들었으며 폭 18m, 높이 12m, 두께 3m의 크기를 자랑함

• 미야자키 하야오 태엽시계

• 카레타 몰

• 공연이 진행 중인 카레타 프라자

22. 미나토미라이21

쇠퇴 항만의 문화 복합 개발 공간 재생

1. 프로젝트 개요

▣ みなとみらい21. 미나토(みなと)는 항구, 미라이(みらい)는 미래라는 뜻. 미타노미라이(みなとみらい)는 도시와 항만의 재생을 위한 항만 재개발 사업으로 노후 항만 시설 정비와 미쓰비시 중공업 조선소 이전을 통한 도심과 항만의 재생을 목표로 한 수변 개발 사업

▣ 요코하마는 1859년 개항 이래 일본의 주요 무역항으로 발전했으나 1990년대 들어서 일본 버블 경제의 붕괴, 고령화 사회의 심화 등으로 지역 산업 쇠퇴함

▣ 1980년대 요코하마는 취업자의 4분의 1 이상이 도쿄로 출퇴근하면서 도시가 베드타운으로 바뀌었고 결국 도시의 자립성이 약해지자 자립성 확보를 위해 도심의 업무 기능 및 중추 관리 기능을 집적 활성화해야 할 계획이 필요해짐

▣ 따라서 요코하마시와 민간 사업자가 공동으로 협력해 1983년부터 도시 재생 사업을 시작하여 도쿄 만에 인접한 요코하마 항에 위치한 조선소 등을 이전시켜서 생긴 토지에 새로 매립한 토지를 추가하여 약 56만 3,000평 부도심을 재개발한 대표적인 사례. 현재는 오피스 빌딩 상업 시설, 호텔, 놀이동산, 컨벤션 센터, 미술관·음악홀 등 문화 시설 등이 위치해 연간 5,000만 명이 넘는 사람들이 방문하는 요코하마의 대표 지역이 됨

• 미나토미라이 전경

▣ 주요 사업

- 업무 및 상업 시설, 시립미술관, 국제회의장 등의 공익 문화 시설, 1만 명의 거주자를 위한 도심 주택과 역사적인 자산을 살리기 위한 대규모 녹지화 등 다양한 도시시설 및 항만 시설(터미널 등) 도입

2. 프로젝트 경과

구분	내용
위치	요코하마시 나카구와 니시구에 걸쳐 있음 요코하마 항만 매립지(구 미쓰비시중공업 조선소)
도시 재생	도시 재생 긴급 정비 지역 및 특별지구 선정
시행 면적	요코하마 항만 매립지 1,860,000m²(56만 3,000평) (기존토지 1,100,000m², 매립지 760,000m²)
사업주체	요코하마시/민간사업자
추진 일정 (1983~ 2010년)	- 1965년 2월 요코하마시가 6대 사업의 하나 '도심부강화사업'을 발표 - 1978년 11월 요코하마도심임해부 정비계획조사위원회 발족 - 1981년 10월 사업 명칭을 미나토미라이21로 결정 - 1983년 11월 공유 수면 매립 면허를 취득 토지구획정리서업사업계획(35.1ha)을 인가함으로써 미라토미라이21 사업 기공 - 1984년 제3섹터로서 (주)요코하마 미나토미라이21 발족/개발 - 1988년 미나토미라이21지구의 지권자(토지소유자 및 차지권자)와 (주)요코하마미나토미라이21은 '미라토미라이21' 시가지 조성 협정 체결 - 1993년 랜드마크타워 완공 - 2010년 완공
용도	업무, 상업, 호텔, 문화, 주택 등 기업 본사 유치, 문화 시설 집적을 통한 일자리 창출과 도심 재개발을 통한 경제 활성화 - 도심부 강화사업에 의해 미쓰비시 중공업의 조선소 이전 부지(33만평), 국철 동 요코하마역 및 항구 추가 매립 부지(23만 평) 등 총 56만 평에 조성된 복합 단지 - 공공 국가 기관에서는 도시 기반 시설과 공공시설을 공급하고 민간사업자는 상업 및 주거 시설을 분담하여 수행 - 1993년 당시 일본 최고층 빌딩(랜드마크타워) 완공부터 주목 - 1,100여 개 회사가 입주해 5만 5,000명의 근로자 수용

3. 개발 개요

■ 시기별 개발 경과

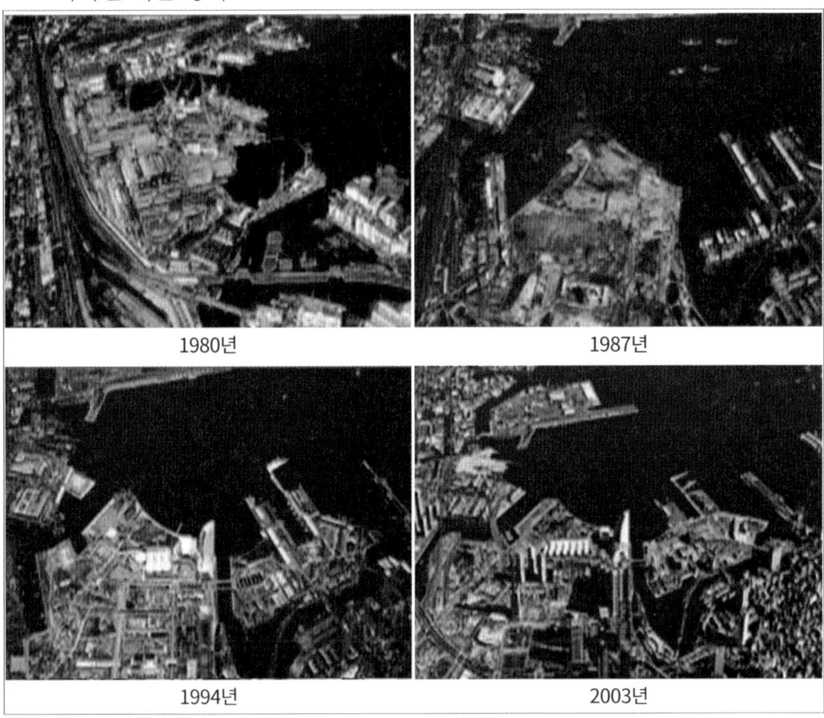

1980년 1987년

1994년 2003년

■ 미나토미라이21 현황

입주 기업 수		1,770개
고용 인원		10만 2,000명
국제 행사 개최		38회
방문 관광객		7,600만 명
토지	건물	870,000m^2
	도로 및 철도	420,000m^2
	공원 녹지	460,000m^2
	항구 시설	110,000m^2

출처: 요코하마시청, 2015

■ 미나토미라이21의 3가지 개발 목표

① 24시간 활동하는 국제 문학 도시

② 21세기의 정보 도시

③ 물과 숲과 역사로 둘러싸인 인간 환경 도시

- 취업 인구 19만 명, 거주 인구 1만 명(3,000가구)으로 계획, 현재 약 10만 명의 취업 인구가 활동하고 있음

※ 세계 도시 경관 100선 산책로로 선정됨

요코하마의 자립성 강화	항구 기능의 전환	도쿄의 집적 기능 분담
- 양분된 도심을 일체화 - 기업, 쇼핑. 문화 시설 등을 집적	- 조선소나 부두 이전지에 공원이나 녹지 조성 - 시민들이 즐길 수 있는 친숙한 수변 공간 조성	- 공공기관, 상업 시설, 문화 시설 등의 이전 추진 - 도시간 균형

■ 토지 이용 계획

구분	내용
업무 지구	기업의 본사 및 지사를 적극 유치하기 위한 지구
상업 지구	신교통역을 중심으로 형성되는 지구
문화 지구	아트센터를 중심으로 형성, 배후에 도심형 주택지 조성 지구
국제 시설 지구	국제회의장, 전시장 등 각종 국제 관련 시설 밀집 지구
레크레이션 지구	수변 안의 넓은 공원, 녹지 및 다목적 레크레이션 지구
항만 지구	항만과 관련된 행정기관 및 업무 기능, 부두 시설 밀집

■ 미나토미라이21의 개발 주체별 역할

- 미나토미라이21은 공공 부문, 제3섹터, 민간 부문이 공동으로 참여

· 공공 부문은 매립, 항만 정비 등 기반 시설을 조성하고, 제3섹터는 에너지, 철도 등 공공성이 높은 사업을 맡고 있으며, 민간 부문은 업무·상업·문화 시설의 건설 담당

· 공공 부문인 요코하마시, 제3섹터인 (주)요코하마 미나토미라이21, 민간 부문인 기업체가 공동으로 참여하는 철저한 3섹터 방식으로 추진되었음. 이중 제3섹터인 (주)요코하마 미나토미라이21이 가장 중요한 역할을 담당

사업 추진 주체		사업 내용
공공 부문	요코하마시	- 사업의 전체 계획 - 임해부 토지 조성(매립 사업) - 항만 정비 사업 - 미술관 등 공공시설 건설 등
	중앙정부 및 현	- 토지 기반 정비 공단
	공공시설의 건설 등	- 토지 구획 정리 사업 등
제3섹터	요코하마MM21	- 업무 기능 유지, 시가지 정비 조정 및 추진 - 각종 조사 검토 - 홍보 및 PR - 공공시설 관리 업무
	요코하마국제평화회의장	- 회의 시설 등 건설 운영
	미나토미라이21 열공급	- 열 공급 사업
	요코하마 고속철도	- 미나토미라이21선의 건설 및 운영
	(주)케이블시티 요코하마	- 전파 장해 대책 - CATV 시설의 건설 운영
민간 부문		- 업무 시설 건설 - 상업 시설 건설 - 문화 시설 건설

4. 주요 시설 명소

• 미나토미라이21 주변 지구 및 명소 출처: yokohamajapan.com

1) 랜드마크 타워

▣ 296m, 70층으로 일본에서 두 번째로 높은 고층 빌딩(가장 높은 곳은 오사카 아베노하루카스 301m), 요코하마의 현대성을 대표하는 타워로 낡은 조선소와 기타 항구 부대 시설을 옮기고 재개발한 곳

▣ 랜드마크 타워는 타워동을 중심으로 오피스, 호텔, 그리고 쇼핑몰이 핵심 시설로, 전망층과 다목적 홀, 또한 암석 구조 도크를 복원 이용한 광장 등 다채로운 시설을 갖춘 매력적인 거리를 형성하고 있음

▣ 49~70층에는 요코하마 로열 호텔인 5성급 호텔이 있고, 48층 이하는 상가, 식당, 병원 사무실이 입주

▣ 도크 야크 가든으로, 1886년 선박 수리를 위해 만들어진 도크가 썬큰가든으로 재탄생됨

• 랜드마크 타워

• 썬큰가든

2) 범선 니혼마루 메모리얼파크

▣ '태평양의 백조'라 불리던 니혼마루는 1930년 항해 실습용 범선으로 건조되어 54년 동안 지구를 45바퀴나 도는 거리를 항해했다고 함

• 범선 니혼마루 메모리얼파크

3) 아카렌카(붉은 벽돌) - 창고를 복합 상업 상점 시설로 재생

▣ 창건 100년이 넘는 2동의 역사적 창고 건물을 2002년에 2동의 문화·상업 시설의 빨강 벽돌 파크로 오픈

- 1989년에 창고 용도는 폐지되었으며, 9년간에 달하는 보존 개수 공사를 거쳐 2002년에 문화·상업 시설로 리뉴얼 오픈

▣ 메이지 시대부터 다이쇼 시대에 걸쳐 일본 정부의 보세 창고로 건축되었으며 일본 최초의 근대적인 항만 시설로서 국가 발전에 중요한 역할을 담당

▣ 리모델링을 통해 각종 공연과 전시 가능한 다목적 홀과 레스토랑, 라이브 카페, 기념품 가게 등으로 활용되어 요코하마 시민들의 휴식 장소로 인기

▣ 2동 사이의 이벤트 광장과 문화 시설인 1호관의 홀 공간에서는 계절별로 다양하게 이벤트와 공연을 펼치고 있어 밤이 되면 조명으로 물듦

- ▣ 일본 최초의 엘리베이터와 피뢰침, 소화전 등을 보전, 복원하고 있어, 2010년 가을에 '유네스코 문화유산 보전을 위한 아시아 태평양 유산상'을 수상
- ▣ 50개가 넘는 맛있고 즐거운 상점들이 모여 있음

• 아카렌카

4) 마린 앤드 워크 요코하마 - 라이프스타일 편집 숍 및 식당가 명소

- ▣ 2016년 3월 미쓰비시에서 라이프스타일을 반영한 명소로 편집 숍과 레스토랑을 오픈함
- ▣ 총 3층으로 구성. 24개 상점 및 식당-DENHAM, TOMS, A16 등 외국 유명 패션 브랜드가 입점하여 최근 명소로 부상함

• 마린 앤드 워크

• 마린 앤드 워크

5) 요코하마항 오산바시 국제 여객선 터미널

▣ 1995년 공모전을 통해 선정된 작품으로 1993년 결성된 일본과 영국 건축가들의 합작품

- FOA(Foreign Office Architects)는 파시드 무사비, 알레한드로 자에라 폴로 두 부부가 결성한 그룹으로 이들은 우리나라 파주출판도시의 들녘출판사 사옥을 설계했다고 함

• 국제 여객선 터미널 전경

• 국제 여객선 터미널 상단

▣ 총길이 430m, 폭 70m로 오산바시 부두 건물, 오산바시 홀, 오산바시 국제 여객 터미널과 위의 잔디 공원으로 구분

- 국제 여객선 터미널은 7만 톤급 여객선 2대가 정박 가능한 규모로 크루즈선 등 고급 페리가 선착
- 1층은 주차장으로 사용되며 2층은 출발 로비, 출입국 사무소, 매표소 등 여객 터미널로 사용되며 건물 옥상은 잔디 공원과 전망 공원이 있는 명소임
- 옥상 디자인은 물결의 파도를 이미지화하고 여객선과 항구를 융합한 디자인
- 건물 내부는 기둥이 없는 대공간으로, 천장 구조는 트러스트 구조체, 벽면은 강화 유리 월로 구성되었으며 계단이 없는 등 프리디자인 구성

※ 기타 주요시설: MARK IS Minato Mirai 쇼핑 센터, 퍼시픽 요코하마(국제평화회의장), 미술관, 해양 박물관, 미나토미라이 중앙역, 퀸몰, 요코하마 베이 브리지, 요코하마 복합 물류 센터 등

23. 쓰타야 북 아파트

놀고, 일하고, 쉬는 카페 및 라이프스타일 서점

1. 프로젝트 개요

▣ 蔦屋ブックアパート. 책만 파는 것이 아니라 라이프스타일을 제안하는 것으로 유명해진 쓰타야 서점이 새롭게 시도한 공간으로 24시간 운영됨

▣ 책으로 둘러싸인 휴식 공간을 한 시간당 500엔(약 5,000원)에 이용할 수 있으며 2017년 12월에 스타벅스가 입점함

▣ 층별로 글램핑 분위기의 개방된 휴식 공간, 공동 업무 공간, 여성 전용 공간으로 꾸며져 있고 개인실, 샤워 공간도 있어 '책을 축으로 한 편안한 공간'을 특성으로 함

▣ 공동 업무 공간도 있어 책을 '소비(구매)하는 공간'이 아니라 책과 휴식이 어우러진 '공간을 소비'하도록 한 개념이 특징

▣ 층별 가이드(빌딩 4, 5, 6층에 입점)

- 4층: 공동 업무 공간 및 도서 공간
- 5층: 남녀 공용 공간
- 6층: 여성 전용 공간

• 쓰타야 북 아파트 내부 출처: ikidane.jp

• 쓰타야 북 아파트 출처: ikidane.jp

• 공동 업무 공간

출처: ikidane.jp

24. 갤럭시 하라주쿠

일본 최대 규모의 삼성전자 갤럭시 체험 공간

1. 프로젝트 개요

▣ ギャラクシ原宿. 삼성전자가 2019년 3월 12일 오픈한 일본 최대 규모의 갤럭시 체험 공간

▣ 총 지상 6층, 지하 1층 규모로 구성되어 있으며 전 세계 갤럭시 쇼케이스 중 최대 규모를 자랑함

▣ 1,000개 이상의 갤럭시 스마트폰으로 꾸며진 건물 외관은 '부유하는 빛의 레이어'라는 콘셉트로 미래 비전을 의미함

▣ 갤럭시의 최신 기술을 활용한 다양한 인터랙티브 체험 공간이 마련되어 있으며 삼성전자는 향후 다양한 문화 행사를 통해 모바일 경험을 소개하는 장소로 활용할 예정임

• 갤럭시 하라주쿠 외관

• 갤럭시 하라주쿠 내부

• 갤럭시 하라주쿠 VR 체험장

• 갤럭시 하라주쿠 슬로 모션 체험장

• 갤럭시 핸드폰 카메라 기능 상연장

25. 호보신주쿠노렌 거리

옛 주택을 이자카야 거리로 명소화

1. 프로젝트 개요

▣ ほぼ新宿のれん街. 옛 고주택을 개조하여 이자카야 거리로 명소화한 곳

▣ 7개의 주택을 개조한 야키토리, 해산물, 아시아 요리점 등이 있으며 2018년 9월 1동이 더 늘어남

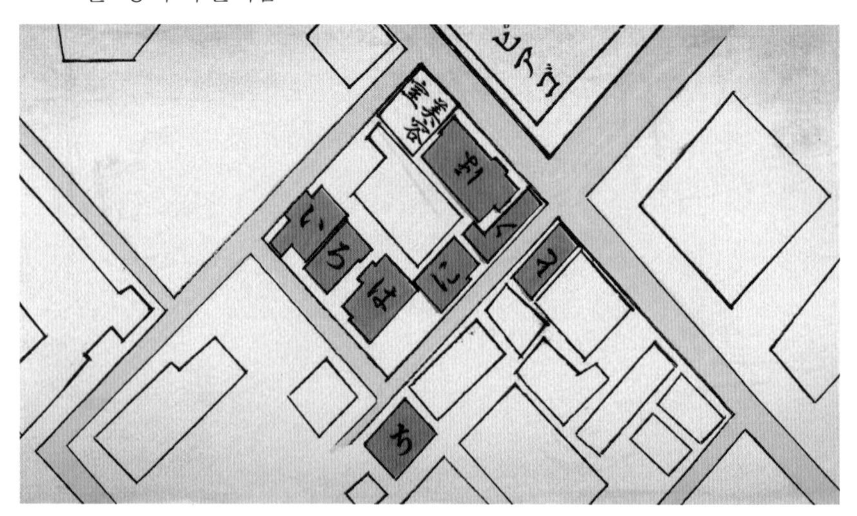

• 호보신주쿠노렌 거리 지도 출처: hobo-shinjuku.com

• 호보신주쿠노렌 거리

• 이자카야 외관

• 호보신주쿠노렌 거리 가게 외관

5

도쿄의 주요 명소

1. 도쿄 국립 경기장

도시 속 자연을 활용한 숲의 스타디움

1. 개요

▣ 東京国立競技場. 2020년 도쿄올림픽 개최를 목적으로 6만 8,000명을 수용할 수 있는 국립 경기장으로 건축되었음. 경기장의 파사드를 일본 47개 현에서 공수해 온 류큐소나무와 삼나무로 건축하여 초현대적 건축과 일본 전통건축 기법과의 조화를 이루며 각 층마다 식물을 배치하여 친환경적으로 설계한 것이 특징

▣ 2014년 최초 설계 공모 당시 관중석 8만 규모, 전천후 개폐식 돔 방식의 최첨단 경기장을 자하 하디드 설계안으로 선택했으나 천문학적 예산과 공사기간 등의 사유로 1,500억 엔 이하 예산의 구마 겐고 설계안으로 최종 결정되어 진행되었음

▣ 시설 개요

구분	내용
위치	10-1, Kasumigaoka-machi, Shinjuku-ku, 도쿄
규모	약 69,600m^2
시행사	건축가 구마 겐고, 타이세이건설, 아즈사셋케이 합작
준공	재건축 후 2019년 12월 21일 개장
용도	2020 도쿄올림픽 등 다양한 운동 경기 개최
수용 가능 인원	약 6만 7,750석(휠체어석 500석 포함)
특징	목재를 활용한 일본의 전통미를 살리는 디자인이 특징이며 기류를 조절하는 상층부 지붕 구조를 통해 실내 온도를 조절

2. 개발 특징

▣ 처마는 건축가 구마 겐고가 전통적인 일본 목조건물의 돌출된 처마를 현대적으로 해석하여 설계했고 이 처마는 햇빛과 비를 차단하고 공기 순환을 촉진함

▣ 각층의 좌석 뒤 가장자리에는 4만 7,000그루의 식물이 식재되어 있는 녹지 순환 구역 설계

▣ 목재를 주로 사용하고 도시와 단절된 스포츠 시설이 아닌 다층의 처마와 녹지라는 중간 영역에 의해 도시와 만나는 '숲의 스타디움'이라는 콘셉트로 식재를 경기장 내·외부에 다양하게 사용하여 지속가능성을 실천(5층 도쿄 360도 조망 무료 관람 가능)

• 주변 환경과 어우러지는 도쿄 국립 경기장 출처: kkaa.co.jp/en/project/japan-national-stadium/

• 도쿄 국립 경기장의 처마

출처: kkaa.co.jp/en/project/japan-national-stadium

• 도쿄 국립 경기장의 상층 구조

출처 ; 윤철재. (2021). 2020 도쿄올림픽 경기장의 사례를 통해 본 대형 건축물에서의 목재 활용의 가능성. 건축, 65(10), 48~51.

3. 디자인 특징

▣ 상층 지붕은 지진이나 강풍 시에 영향을 최소화할 수 있는 강도가 충분한 목재로 된 트러스를 사용했고 천창의 형태는 일조량에 따른 계획적인 디자인일 뿐만 아니라 특히 겨울에 자연 잔디를 가꾸기에 적합하도록 설계

▣ 지붕에 떨어지는 빗물이 지하에 설치된 빗물 탱크에 모여 처마와 옥상정원 등의 녹지와 식물 관개 시설로 이용되는 친환경적인 빗물 순환 시스템 사용

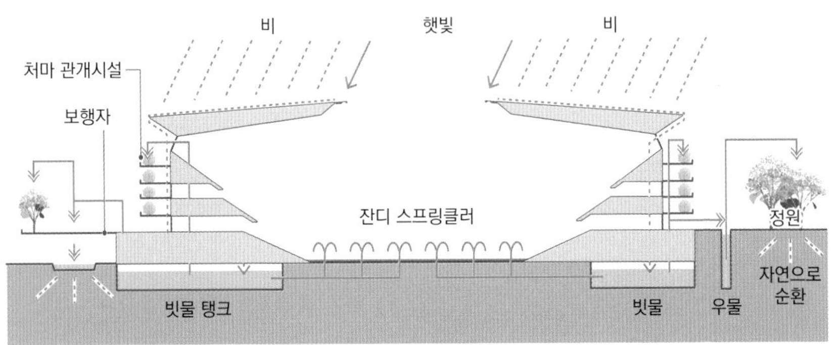

• 국립 경기장 빗물 순환 시스템

출처: JAPAN SPORT COUNCIL

4. 기타사항

▣ 연령, 장애 유무에 관계 없이 관람객 누구나 접근 가능하도록 신체적 부담이 적은 완만한 경사면, 안내 블로그 음성 안내판 등 설치

▣ 본보리(Bonbori) 등과 같은 일본의 전통적인 석등, 종이등과 더불어 일본적인 인테리어는 경기장에 방문한 관람객들에게 부드러운 빛을 제공하며 따뜻한 분위기를 연출

▣ 트랙으로 연결된 특별 통로, 인터뷰 존, 도핑 관리실 등은 선수들의 원활한 이동과 집중력 유지가 가능하도록 설계

▣ 야마토바리(Yamato-bari, 일본의 판을 놓는 방식) 등 일본의 전통적인 디자인을 활용한 인테리어는 매우 일본적인 공간을 연출함

2. 스타벅스 리저브 로스터리 도쿄

세계 최대 규모의 스타벅스 고급 매장

1. 개요

▣ スターバックス リザーブ ロースタリー 東京. 2019년 2월 28일, 세계 최대 규모의 스타벅스 리저브 로스터리 고급 매장이 총 4층 규모, 연면적 900m^2 규모로 도쿄 메구로구 아오바다이에 개장함. 세계 다섯 개뿐인 매장 중 하나로 시애틀, 상하이, 밀라노, 뉴욕에 이어 다섯 번째

▣ 일본 건축가 구마 겐고가 설계했으며 총 4층 규모에 건물 외관이 유리로 되어 있고 3층 및 4층은 야외 테라스가 있어 메구로 강변을 즐길 수 있음. 원래 주차장 부지

• 스타벅스 리저브 로스터리 도쿄 외관

2. 건물 안내

▣ 1층 매장에 겉면이 붉은 구리 벚꽃으로 장식된 커피통(SYMPHONY PIPE)이 웅장 하며 17m 높이로 메구로 강변의 큰 벚꽃 나무를 연상케 함

▣ 1층: 메인 바에서는 다양한 스페셜티 커피 '리저브', 베이커리를 판매함

▣ 2층: 세계 최대 규모의 TEAVANA™ BAR와 재활용 소재 활용 3D 프린팅바에서 일본 고유의 다도 문화를 재현, TEACUP WALL이 있어 찻잔으로 예쁘게 만든 벽장이 아름다움

▣ 3층: 일본 최초 칵테일 바인 아리비아모(Arriviamo™), 와인과 맥주, 클래식을 즐길 수 있음

▣ 4층: 세미나 공간으로 다양한 사람들이 만나 토론하고 창의를 꽃피우는 곳이라는 의미의 'AMU 인스퍼레이션 라운지(AMU Inspration Lounge)'가 있음

※ OUTDOOR EXPERIENCE(3층 & 4층)

• 스타벅스 리저브 로스터리 도쿄 내부

• 스타벅스 리저브 로스터리 도쿄 내부 커피통 모습

3. 기타

▣ 인근 메구로 강변을 따라 3.8km 늘어선 벚나무와 어우러져 봄 축제가 열림. 주변 Green bean to bar chocolate, PEANUTS Cafe가 명소임

• 야외 테라스

3. 아사쿠사

센소지를 중심으로 조성된 번화가

1. 개요

▣ 浅草. 도쿄도 다이토구에 위치한 지역으로 센소지를 중심으로 하는 번화가를 가리킴

▣ 주택가, 상업 지역, 번화가로 구성되어 있으며 전통 신사, 절, 불상 등이 잘 보존되어 일본 전통미 체험 가능

▣ 2차 세계대전 전에는 도쿄 유일의 번화가였으며 간토 대지진 및 2차대전을 겪고 복구

• 아사쿠사 전경 출처: 플리커 – Manish Prahune

2. 센소지(浅草寺)

▣ 도쿄 민간 신앙의 중심지로 도쿄에서 가장 오래된 절이며 628년 스미다강에서 어부 형제가 관음상을 건져 올린 것을 계기로 창건되었음

1) 5층 석탑(고쥬노토; ごじゅうのとう)

- 2차 세계대전 당시 소실되어 1973년 재건했으며 기단의 높이는 약 5m 정도이고, 석탑의 총높이는 48m
- 탑의 최상부에는 스리랑카에서 가져온 사리가 안치되어 있음

• 5층 석탑 출처: 픽사베이

2) 카미나리몬 문(雷門)

- 정식 명칭은 ‘후우라이진몬(風雷神門, 풍뢰신문)으로 문의 우측에는 풍신(風神)이 좌측에는 뇌신(雷神)이 있음
- 아사쿠사의 상징인 센소지의 정문으로 센소지의 액운을 막아 주는 수호문
- 최초의 대형 등불은 1960년, 실업가 마쓰시타 고노스케가 기부

• 카미나리몬 문*

3) 니텐몬(二天門)

- 불교의 수호신 4명 중 북방 수호신 비사문천과 동방 수호신 지국천의 상을 안치한 절의 중문으로 중요문화재로 지정됨
- 본래 센소지 경내 도쿠가와 이에야스 신사의 정문이었음

• 니텐몬*

4) 나카미세 거리(仲見世通り)

- 카미나리몬을 통과해 호조몬까지 이어지는 300m의 기념품, 먹거리, 상품 길
- 약 90개의 점포로 이루어져 있으며 서울의 종로와 인사동길과 비슷함

• 나카미세 거리 출처: 플리커 - Dick Thomas Johnson

4. 오다이바

도쿄만에 있는 대규모 인공섬

1. 개요

▣ お台場. 도쿄만에 있는 대규모 인공섬으로 '다이바'는 요새를 의미하며 에도 시대 말기인 1800년대 방어 목적으로 조성되었고 1990년대 이후 중요한 상업, 거주 및 레저 복합 지역으로 발전함

▣ 팔레트 타운, 오다이바 해변 공원 주변, 배 과학관 구역, 아리아케 구역 등으로 구분하며 각 구역은 산책로로 연결됨

• 오다이바 전경*

구분	내용
위치	일본 도쿄도 미나토 구 다이바
추진	스즈키 슌이치
규모	지역 인구 약 5,170명(2008년 4월 1일 기준)
용도	미래형 주상복합 지역
특징	- 쇼핑 타운, 대관람차, 박람회장, 레스토랑, 카페, 호텔 등 다양한 시설 - 도쿄 도심과 이어지는 레인보우 브리지 및 도심과의 대중 교통이 연결되면서 관광객 꾸준히 증가

2. 역사

- ▣ 1853년 페리 제독의 미 함대가 내방해 에도 막부에 문호 개방을 요구했고 이에 위협을 느낀 막부는 에도 주변을 방어하기 위해 서양식 해상 포대 다이바를 건설
- ▣ 1990년대 초 정부 관료 스즈키 슌이치가 1996년 '국제도시박람회(International Urban Exposition)' 준비를 위하여 인구 10만 명 이상이 거주하는 미래형 주상복합 지역 '도쿄 텔레포트 타운'을 조성하는 도시 재개발 프로젝트를 추진
- ▣ 일본 버블 경제 이후 1990년 후반, 호텔과 쇼핑몰 건설이 활발히 이루어졌으며 후지TV의 본사를 비롯한 거대 회사들이 입주

3. 주요 명소

1) 레인보우 브리지

- 인공섬인 오다이바를 도쿄 도심과 연결하는 다리로 1993년 8월 26일에 개통되었으며 높이 127m, 길이 570m
- 정식 명칭은 '도쿄항 연락교(東京港連絡橋)'이며 이중 구조로 되어 있어 상층부는 고속도로로 이용되며 하층부는 유리 카모메선과 일반 도로로 이용됨

• 레인보우 브리지 전경

2) 비너스 포트

- 유럽의 옛 거리를 콘셉트로 건설된 테마파크로 하루에 세 번 변하는 천장이 유명
- 약 160개 숍과 레스토랑이 입점해 있으며 1층은 어린이 및 애완동물, 가전제품 숍, 2층은 패션, 화장품 숍, 3층은 도시형 아울렛 형태를 띠고 있음
- 내부에는 로마에서 가져온 대리석으로 제작한 〈진실의 입〉 작품이 있음

• 비너스 포트 내부

• 비너스 포트 내부

3) 도쿄 빅 사이트(Tokyo Big Sight)

- 1996년 4월에 건설된 도쿄만 연안 일대의 대표적인 건축물
- 총건축 면적은 23만 873m^{2}에 달하며 실내 전시 면적은 8만 660m^2
- 정식 명칭은 '도쿄 국제전시장(Tokyo International Exhibition Center)'이지만 웅장한 건물 외관으로 인해 '도쿄 빅 사이트'라는 별칭이 생겨남

• 도쿄 빅 사이트*

4) 메가 웹(Mega Web)

- 도요타에서 운영하는 자동차 테마파크. 3가지 시설로 나누어져 있으며 '역사관', '자동차 쇼케이스', '라이드 스튜디오'로 구성되어 있음
- 역사관에서는 도요타의 역사 및 자동차의 역사를 관람할 수 있으며 명차의 복원 작업을 볼 수 있음
- 쇼케이스 장소에서는 실제 출시된 차량, 콘셉트카 등을 볼 수 있고 실제 차량에 탑승할 수 있음
- 라이드 스튜디오에서는 예약 신청을 통해 차를 직접 운행해 볼 수 있음

• 메가 웹 외관

• 메가 웹 내부 자동차 쇼케이스장

5) 다이버시티

- '극장형 도시 공간'이라는 콘셉트로 다양한 체험이 가능한 대형 엔터테인먼트 시설
- 건담 동상: 2009년 기동전사 건담 30주년을 맞아 오다이바에 건설된 RX-78 건담을 시초로 하는 조형물로 현재는 철거됨

• 다이버 시티 외관 및 건담 RX-78*

6) 오다이바 해변 공원

- 레인보우 브리지 옆 인공섬에 위치한 해변 공원
- 공원 내에는 높이 12.5m의 자유의 여신상 복제품이 있는데, 일본과 프랑스의 국제적 우호 관계를 축하하기 위해 프랑스의 해를 기념하여 1998년 4월에 세워짐
- 공원 전망대에서 레인보우 브리지와 도쿄 타워 조망 가능

• 오다이바 해변 공원

• 오다이바 해변 공원 자유의 여신상

7) 후지TV

- 건물 내 위치한 공 형태의 부분은 전망대로 활용되고 있으며 오다이바와 도쿄만을 360도로 조망할 수 있음
- 후지TV 내부에는 〈드래곤볼〉, 〈원피스〉 등 다양한 애니메이션 디스플레이가 있음
- 옥상에는 정원이 있으며 매년 다양한 이벤트 및 콘서트장으로 활용됨

• 후지TV 본사 외관

5. 도쿄 타워

도쿄의 상징

- 東京タワ. 오사카의 신문왕 마에다 히사마치(산케이 신문사, KTV 사장 역임)가 각 방송사의 송신탑을 일체화하기 위해 만든 전파탑
- 1957년 착공하여 1년 3개월 만에 완공
- 도쿄에서 가장 높은 건축물이었으나 2012년 634m의 도쿄 스카이 트리가 건설되면서 두 번째로 높은 건축물이 됨

• 도쿄 타워 특별 전망대 내부 출처: www.tokyotower.co.jp

구분	내용
위치	도쿄도 미나토 구 시바코엔 4-2-8
건축	일본 전파탑 주식회사
규모	높이 333m
용도	타워, 전망대(본래 방송용 수신탑)
특징	- 파리 에펠탑을 모방했으며, 빨간색과 하얀색이 교차하면서 도장됨 - 대전망대는 지면에서 150m 높이에 있고, 특별 전망대는 250m 높이에 있음 - 도쿄 시내를 조망하기 좋으며, 날씨가 좋은 날에는 후지산까지 조망 - 탑 아래는 4층 규모의 도쿄 타워 빌딩(지하에는 수족관, 밀랍인형전시관, 홀로그램 산책길 등)

• 도쿄타워 외관

출처: www.shutterstock.com

6. 메이지 신궁

도쿄민의 정신적 고향

- ▣ 明治神宮. 도쿄도 시부야구에 있는 신사로 70만m²의 숲에 위치함(숲의 나무는 365종의 12만 그루로 신사 건립 당시 일본 전역에서 사람들이 헌정한 것)
- ▣ 메이지 천황과 그의 아내 쇼켄 황태후의 영혼을 봉헌한 곳
- ▣ 1912년 메이지 천황이, 1914년 쇼켄 황태후가 각각 사망하자 일본 근대사의 상징인 두 인물을 배향하기 위해 1920년에 메이지 신궁 건설
- ▣ 신궁은 내부 나이엔(內苑)과 외부 가이엔(外苑)으로 구성
  - 나이엔: 신사 건물들과 천황, 황후의 유품을 모아 놓은 박물관 있음
  - 가이엔: 천황과 황후의 삶을 그린 80개의 벽화를 소장한 메이지 기념 미술관과 국립 경기장, 메이지 기념관이 있음
- ▣ 은행나무 146그루가 늘어서 있는 가로수길은 가을철 단풍놀이를 위해 많은 사람들이 찾음

• 메이지 신궁 정문

출처: yokota.af.mil

• 메이지 신궁 입구 도리이

• 메이지 신궁 내부 사케통 벽

• 메이지 신궁 내부 산책로

• 메이지 신궁 신사

출처: 플리커 – Bermi Ferrer

7. 우에노 공원

일본 최초로 지정된 공원 5곳 중 하나

1. 개요

- ▣ 上野公園. 1924년에 다이쇼 천황이 도쿄시에 영지를 하사하면서 간에이지 사찰 경내에 있던 우에노를 공원으로 조성한 것
- ▣ 공식 명칭은 '우에노 온시공원(上野恩賜公園)'으로 '황제(천황)가 선물한 우에노의 공원'이라는 뜻
- ▣ 벚꽃이 필 무렵에 많은 도쿄도민이 벚꽃 놀이를 즐기기 위해 방문함
- ▣ 일본 최초로 지정된 공원 5곳 중 하나로 도쿄를 대표하는 공원
- ▣ 도쿄 도심 한가운데 위치하며 문화 시설 밀집 지역으로 우에노 동물원, 국립과학 박물관, 도쿄 국립 박물관, 국제어린이도서관, 구로다 기념관(黒田記念館), 도쿄 예술대학 미술관, 우에노 모리 미술관 등이 모여 있음
- ▣ 사이고 다카모리가 그의 개와 함께 서 있는 조각상이 유명

• 우에노 공원 입구*

• 벚꽃이 만개한 우에노 공원*

2. 주요 명소

1) 우에노 모리 미술관(上野の森美術館)

- 1972년 4월 개관하여 공익재단법인 일본 미술 협회가 운영
- 중요문화재를 비롯하여 폭넓은 장르의 미술 작품을 소개하고 있으며 현대 미술전과 공모전, 독창적인 기획전을 정기적으로 개최

• 우에노 모리 미술관 외관*

• 우에노 모리 미술관 전시장 내부

출처: ueno-bunka.jp

2) 도쿄 국립 박물관

- 1872년에 설립된 일본에서 가장 오래된 박물관으로 일본과 동양의 고고 유물, 미술품 등의 문화재를 수집, 전시, 연구하는 것이 목적
- 독립행정법인 국립 문화재기구가 운영하고 있으며 국보 88점, 중요문화재 634점을 포함하여 약 11만 6,000점의 유물 소장
- 박물관의 구성은 '본관', '동양관(아시아 갤러리)', '헤이세이관(특별전·일본 고고 전시관)', '효케이관', '호류지보물관', '구로다기념관'으로 구성되어 있음

• 도쿄 국립 박물관(본관) 외관*

3) 우에노 동물원

- 1882년 3월 일본 최초 근대식 동물원으로 개장한, 일본에서 가장 오래된 동물원
- 원래 일본 왕실 보유 시설이었다가 1924년 도쿄시에 증여
- 면적은 14.3ha, 대략 850종 2,000마리의 동물을 사육
- 야생동물 보호를 위하여 일본 국내외 조직과 연계하여 희귀동물 번식 및 보급 계발에 적극적인 움직임을 보임

• 우에노 동물원 입구*

• 우에노 동물원의 자이언트 판다*

8. 도요스 시장

쓰키지 시장이 이전 확장한 종합시장

▣ 豊洲市場. 83년 동안 일본 대표 수산시장이었던 쓰키지 시장이 이전 확장하며 2018년 10월에 새롭게 세워진 수산시장

▣ 시장 면적은 40만 7,000m²(12만 3,000평)으로 기존 쓰키지 시장의 1.8배(노량진 수산시장은 7만 1,000m²)

▣ 전체적인 건물의 확장 및 설비의 신설을 통하여 견학 코스가 생겼으며 테라스를 통해 손님 및 도매업자의 거래 모습을 구경할 수 있음

▣ 크게 3가지 구역인 '청과동(5지구)', '수산물 중간 도매시장동(6지구)', '수산물 도매시장 및 관리 시설동(7지구)'으로 나뉨

▣ 시장의 이전뿐 아니라 기존 쓰키지 시장의 음식점 또한 현재의 도요스 시장으로 이전함

▣ 시장 구성

① 청과동(5지구)

- 3층 건물로 건축되었으며 과일 및 채소를 거래하는 매장과 음식점이 있음
- 2층의 견학 데크를 통하여 실제 거래 장면을 구경할 수 있음

② 수산물 중간 도매시장동(6지구)

- 견학 데크가 3층에 위치하여 있으며 이를 통해 수산물 도매상점을 구경할 수 있고 식당가가 같이 있음
- 4층은 다양한 식기 재료를 판매하는 '우오가시 요코초'가 있음
- 옥상에는 정원이 꾸며져 있음

③ 수산물 도매시장 및 관리 시설동(7지구)

- 음식점, 긴린도서실, PR코너 등이 3층에 있으며 참치 경매를 구경할 수 있는 동
- 참치 경매는 대부분 새벽 5:30에서 새벽 6:30까지 진행되며 당일 선착순으로 견학 신청이 가능함

• 도요스 시장 전경 출처: shijou.metro.tokyo.jp

• 도요스 마켓 외관*

9. 도큐 플라자 오모테산도 하라카도

하라주쿠의 새로운 패션 및 문화 중심지

▣ 東急プラザ表参道ハラカド. 도쿄 중심부인 오모테산도 거리의 진구마 교차로에 위치한 하라주쿠 하라카도는 2024년 4월 17일 오픈한 패션, 쇼핑, 그리고 도쿄의 최신 트렌드와 문화의 중심지 중 하나로 9개 층에 75개의 점포와 공중 목욕탕, 갤러리, 도서관이 들어서 있는 다채로운 공간임

▣ '하라카도'라는 이름에는 세 가지의 뜻이 담겨 있는데, 하라주쿠와 오모테산도가 진구마 교차로에서 만나는 '모퉁이'(角 '카도')와, 다양한 '재능'(才 '카도')을 가진 크리에이터들이 만나는 장소, 그리고 새로운 문화로의 '문'(門 '카도')를 의미함

▣ 하라카도의 다케시타도리(竹下通り)는 일본의 가와이이(かわいい, 귀여운) 문화와 서브컬처의 중심지로, 독특한 패션 아이템과 개성 넘치는 스트리트 패션을 경험할 수 있어 도쿄의 젊은이들 사이에서 인기를 끌고 있음

▣ 하라주쿠 하라카도는 연간 약 8,900만 명이 이용하는 젊음과 창조의 메카인 진구마 교차로에서 패션, 사진, 디자인, 영화, 광고, 잡지 등 다양한 분야의 크리에이티브 허브이자 새로운 문화의 거점이 되었음

• 도큐 플라자 오모테산도 하라카도 외관

10. 도큐 플라자 오모테산도 하라주쿠

독특하고 혁신적인 디자인의 인기 쇼핑몰

▣ 東急プラザ表参道原宿. 오모테산도와 하라주쿠 지역의 사이에 위치한 인기 쇼핑몰인 도큐 플라자 오모테산도 하라주쿠는 거울로 된 독특한 입구와 루프탑 가든, 다양한 패션 브랜드와 트렌디한 상점 등으로 매년 많은 사람들이 찾는 대형 상업 시설로 2012년 3월에 오픈했음

▣ 오모테산도 하라주쿠만의 상징인 거울 입구 미러 포레스트(Mirror Forest)는 구로카와 기쇼(黒川紀章)와 그가 속한 디자인 그룹이 설계했으며 약 20,000개의 층층이 배치된 거울의 빛 반사를 이용하여 시각적으로 강렬한 인상을 주어 SNS의 핫플레이스로 유명함

▣ 루프탑 가든은 쇼핑몰의 상층에 위치해 있고 7층 규모의 공간에는 IKEA와 같은 글로벌 브랜드의 플래그십 매장, 다양하고 인기 있는 브랜드 숍이 있어 최신 트렌드의 쇼핑 공간임

• 도큐 플라자 오모테산도 하라주쿠

11. 다케시타도리

보행자 천국의 쇼핑가

- 竹下通り. JR 하라주쿠역 바로 앞에 위치한 거리로 보행자 천국의 쇼핑가. 약 350m가량의 길거리에 다양한 숍들이 있음
- 도쿄의 트렌드를 이끄는 젊은이들 사이에서 인기가 높은 음식점과 패션 숍 위치
- 대부분의 상점이 다양한 스타일을 가지고 있는 소규모 독립 상점이며 제조업체들이 시판용 시제품을 시판하는 안테나 가게가 있음
- '브람스의 오솔길(ブラームスの小径)' 거리가 있으며 이곳은 기존의 다케시타도리와는 다른 느낌으로 앤틱풍의 가로등, 서양식 건물과 분수 등이 있음

• 타케시타도리 입구

• 타케시타도리

• 타케시타도리의 길거리 모습

12. 요요기 공원

도쿄에서 가장 큰 공원 중 하나

1. 개요

▣ 代々木公園. 도쿄에서 가장 큰 공원 중 하나로 시부야 하라주쿠역, 메이지 신궁과 인접한 곳에 위치함

▣ 전체 규모 54만m^2이며 계절에 맞는 식물들이 각기 심어져 있고 각 계절마다 다양한 이벤트가 개최됨

▣ 육상 경기장인 '오다 필드'가 있으며 주변으로 NHK 방송 센터, 시부야 머슬 극장, 국립 요요기 경기장 등이 있음

▣ 주말에 큰 규모의 벼룩시장이 자주 열려 좋은 품질의 물건을 저렴하게 구입할 수 있음

• 요요기 공원 전경*

2. 공원 역사

▣ 1909년 일본 육군성이 면적 28만 평의 요요기 연병장을 신설함

▣ 1910년 12월 19일 요요기 연병장에서 육군 공병 대위가 최초 비행 성공

▣ 1945년 제2차 세계대전 이후 미군의 숙소 '워싱턴 하이츠'로 변모

▣ 1964년 도쿄올림픽 선수촌

▣ 1967년 10월 20일 요요기 공원 개장

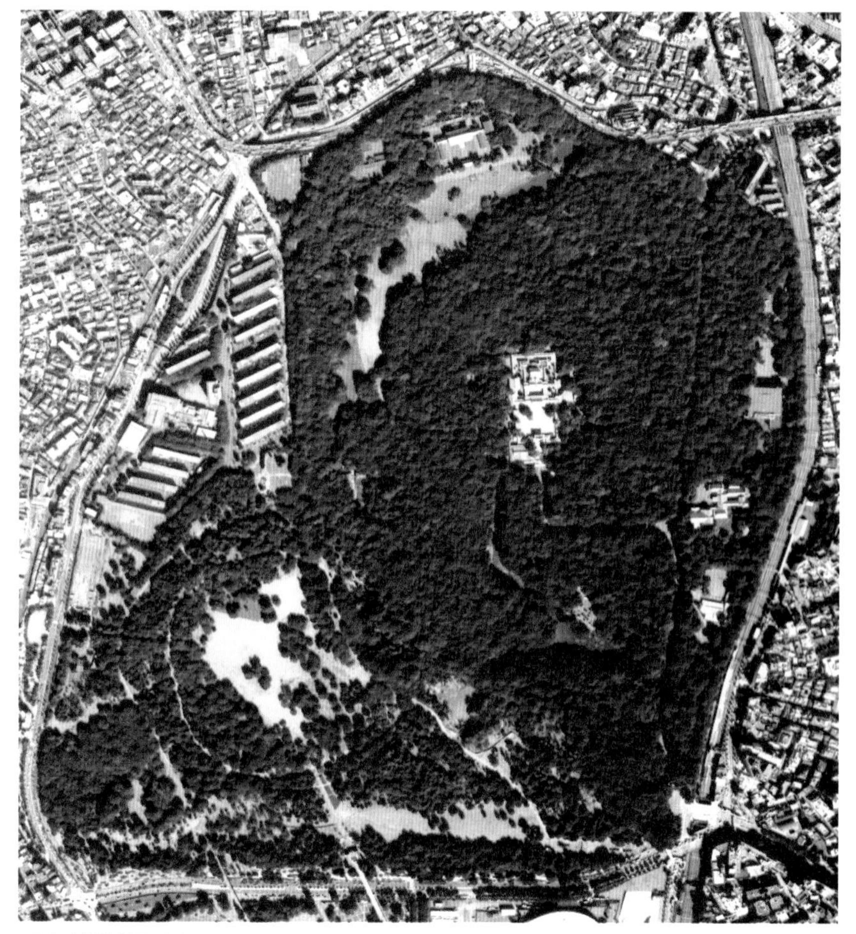

• 요요기 공원 항공 사진*

13. 도쿄도청

신주쿠의 초고층 마천루

▣ 東京都庁. 신주쿠를 상징하는 건물로 지상 48층, 243m의 초고층 마천루
▣ 건축가 단게 겐조가 설계했고 외관은 컴퓨터 칩을 닮음
▣ 전체적인 외관 디자인은 일본 전통 건축 스타일로, 위압감을 줄이기 위해 건축물의 가운데 부분을 비운 것이 의도치 않게 고딕 대성당 형태가 됨
▣ 약 1,569억 엔이 소요되었으며 연간 유지 비용은 40억 엔
▣ 남쪽과 북쪽 타워에 각각 무료 전망대가 있으며, 날씨가 좋은 날에는 요코하마와 지산을 조망할 수 있음(전망대까지 55초 만에 올라가는 초고속 엘리베이터 운행)

• 도쿄도청 외관 출처: www.shutterstock.com

• 도쿄도청 입구

• 도쿄 도청 전망대 내부

14. 하마리큐 공원

도쿄 내 유일한 조수 연못이 있는 공원

▣ 浜離宮庭園. 1635년에 도쿄만 일부를 매립하여 조성한 아름다운 에도 시대의 정원으로 면적이 25만m²에 달함

▣ 에도 시대 무신정권 쇼군 도쿠가와 가문의 정원이면서 매 사냥터로 이용되었다가 메이지 유신 후에는 황실의 별궁이 되어 이름이 하마리큐가 됨

▣ 관동대지진과 전쟁으로 피해를 입었고 1945년 도쿄도로 이관, 정비를 거쳐 1946년 4월에 개장

▣ 1952년에 일본의 특별명승지 및 특별사적으로 지정

▣ 도쿄 정원 중 유일하게 해수를 끌어들인 연못이 있음. 연못의 동쪽에 수문이 설치되어 바닷물의 수위를 조정하고 있으며 바닷물로 이루어진 연못인 만큼 바다 물고기인 숭어, 망둥어 등이 살고 있음

▣ 조수 연못에는 '나카지마(中島)'가 있으며 찻집으로 이용되며 내부에 다다미 좌석을 통하여 정원을 바라볼 수 있음

▣ 나카지마 찻집은 1707년 6대 장군 이에노부가 대대적으로 수리했으며 화재 및 전쟁으로 인하여 파괴된 것을 쇼와 58년에 재건함

▣ 나카지마 찻집을 연결하는 다리 이름은 '오츠타이 다리(お伝い橋)'로서 118m의 길이로 찻집과 같이 이에노부가 수리를 진행함

▣ 공원 내부에 300살이 넘은 소나무가 있음. 한 그루의 소나무이지만 굉장히 큰 규모를 자랑하며 그 옆에는 모란원이 있어 봄철에 화사한 꽃들이 만개함

• 하마리큐 공원 전경

• 하마리큐 공원 내부

• 나카지마 찻집

• 하마리큐 공원 연못*

15. 고쿄가이엔

황실 정원을 국민 공원으로 개방

1. 개요

▣ 皇居外苑. 전쟁 이후, 내각회의의 결정에 따라 1949년 황실 정원을 국민 공원으로 개방한 것임

▣ 입장이 허가되지 않은 구역(황궁)으로 들어가기 위해서는 투어 신청 필수(투어는 궁내청을 통해 신청하며 화요일부터 토요일까지 운영)

▣ 일본의 후생성(의료, 보건, 사회 보장 행정기관)에서 1971년 환경성으로 이관됨

▣ 주요 시설로 고쿄마에 광장과 와다쿠라(和田倉) 분수 공원, 사쿠라다 문(桜田門), 니주 다리(二重橋) 등이 있으며 일본을 대표하는 역사적인 건물들이 위치함

• 고쿄가이엔 전경

출처: gotokyo.org

2. 주요 명소

1) 고쿄마에 광장

- 개방적인 분위기의 굉장히 넓은 광장으로, 광장 사이를 우치보리 대로가 가로지르고 있음

• 고쿄마에 광장*

2) 와다쿠라 분수 공원

- 1961년 아키히토 일왕의 결혼을 기념하고자 조성되었음

• 와다쿠라 분수 공원*

3) 사쿠라다 문

- 1961년 국가 중요문화재로 지정되었으며 안쪽 광장은 병사의 대기 장소
- 1860년 무사들이 안세이 대옥(安政の大獄)을 암살한 '사쿠라다몬의 변', 1932년 히로히토 일왕을 겨눠 '이봉창 의사 수류탄 투척 사건'이 일어난 곳이라 알려짐

• 사쿠라다 문*

4) 황궁

- 천황의 거처로 일반인의 자유로운 출입이 통제되며 1년에 2번 천황을 볼 수 있음(1월 2일 새해 행사, 천황의 생일)

• 황궁 출처: www.shutterstock.com

5) 니주 다리

- 다리가 2단 구조로 이루어져 있으며 황궁과 이어져 있음
- 평상시 사용되지 않고 일왕의 새해 행사나 외국 귀빈 방문 등 궁중 공식 행사에 이용

• 니주바시 다리*

16. 국립 신미술관

'숲속의 미술관'으로 건물 자체가 작품

1. 개요

▣ 東京 国立新美術館. 컬렉션을 보유하지 않고 미술에 관한 정보 발신과 문화 교류 등 아트센터의 역할을 담당하는 새로운 형태의 미술관

▣ 구로카와 기쇼(黑川紀章)의 설계로 2007년 1월 21일 개관. 파도치는 듯한 커브가 연달아 이어지는 전면 유리창으로 된 커튼월이 인상적인 숲속의 미술관으로 부지 내에는 약 50종의 식물이 심어져 있고 계절마다 멋진 풍경을 연출함. 건물 안에는 햇살이 내리쬐어 밝은 분위기를 자아내며, 최상층까지 시원하게 뚫린 로비에는 2개의 역원뿔형 구조물이 솟아 있어 건물 자체가 작품임.

• 국립 신미술관 전경

2. 주요 명소

1) 전시관

- 기획전, 공모전 전용 미술관으로서 10개를 넘는 전시회를 동시에 개최할 수 있도록 설계됨. 일반 시민들을 위한 사업의 일부로서 미술관은 교육 프로그램과 강연, 갤러리 대담, 인턴십 및 자원봉사 프로그램을 제공

2) 기타 시설

- 특히 미술관 내에 미슐랭 가이드 최고 등급인 별 3개 레스토랑 브라세리 폴 보퀴즈를 비롯해 카페, 뮤지엄 숍, 오디토리엄, 세 개의 강의실과, 주로 미술 전시 카탈로그 위주인 5만 권의 출판물이 있는 공공 미술도서관이 위치해

있음. 전시실을 제외하고는 누구나, 어디든지 자유롭게 출입할 수 있어 미술관이 추구하고 있는 히라카레타 비주쓰칸(開かれた美術館, 모든 이에게 개방된 미술관)의 원래 개념을 잘 반영하고 있는 것으로 보임

• 국립 신미술관 전시관 외관

• 국립 신미술관 내부

• 국립 신미술관 내부

17. 네즈 미술관

자연과 조화를 이루는 일본과 동아시아 전통 미술관

▣ 根津美術館. 도쿄 미나토구 아오야마에 위치한 중요한 미술관 중 하나로 일본의 유명한 사업가이자 수집가인 네즈 가이치로(根津嘉一郎)와 그의 가족이 소장한 예술품들을 전시하기 위해 1941년에 설립되었으며 주로 일본과 동아시아의 전통 미술품을 약 7,400개 이상 소장하고 있음

▣ 2009년 재건된 현재의 건물은 일본의 유명 건축가 구마 겐고가 설계했고 녹음이 우거진 오모테산도 거리 남쪽 끝에 위치해 있으며 2만m^2가 넘는 광대한 부지에 전통적인 일본식 정원과 건축, 현대적인 신관이 조화를 이루고 있음

▣ 1만 7,000m^2 규모의 정원은 연못, 개울, 정원 등불, 잘 보존된 찻집으로 둘러싸여 있으며 인공적인 조경과 주변의 자연이 조화를 이루는 일본식 정원만의 매력을 느낄 수 있고, 옛 네즈 저택의 돌담과 벽난로를 보존하여 일본 전통의 미적 감각을 되살림

• 네즈 미술관 전경

• 네즈 미술관 정원*

18. 도쿄 스카이트리

도쿄의 새로운 랜드마크

▣ 東京スカイツリ. 도쿄의 새로운 랜드마크로 떠오른 곳. 2012년 5월 개장했으며 자립식 전파 탑 중에서 세계 제일을 자랑함. 도쿄를 한눈에 바라볼 수 있는 전망대를 비롯하여 레스토랑과 기념품점 복합 쇼핑몰로 구성되어 있음

▣ 전체 높이 634m, 탑 본체 높이 497m로, '하늘을 향해 뻗은 커다란 나무'를 연상시켜 스카이 트리라고 함

▣ 지상 350m의 덴보 데크에는 레스토랑과 카페, 숍, 포토존 등이 있고 도쿄의 커다란 파노라마를 바라볼 수 있음. 지상 450m의 덴보 회랑에서는 유리로 둘러싸인 회랑을 걸으면서 간토 지역 일대의 광대한 뷰를 내려다볼 수 있음

쿄 스카이트리

• 도쿄 스카이트리 입구

• 도쿄 스카이트리 전망대 내부

• 도쿄 스카이트리 전망대 출처: japan-guide.com

• 도쿄 스카이트리 전망대

19. 아키하바라 전자상점가

'오타쿠'의 성지

1. 개요

▣ 秋葉原電気街. 아키하바라(秋葉原) 지구는 일찍이 일본을 대표하는 전자상가로 유명했으나 거품경제 이후 침체기를 겪었고 이후 도심 재생 사업을 통해 명성을 되찾음

▣ 가전, 음향 기기, 컴퓨터, 반도체, 조명 등, 온갖 전기 관련 상품을 취급하는 약 500개의 점포가 있고 연간 약 3,000만 명이 방문함. 전기 관련 점포 외 애니메이션이나 만화, 피겨 등의 팝 컬처와 메이드 카페 등으로도 유명

▣ 일본 애니메이션 또는 일본 애니메이션풍 만화, 게임, 소설 등을 좋아하고 소비하는 사람들을 일컫는 '오타쿠'의 성지로 불림

• 아키하바라 전경*

2. 주요 명소

1) 세가 아키하바라 1호점

- 아키하바라의 중심 거리에 있는 게임 센터로 2012년에 개장

• 세가 아키하바라 외관*

2) 고토부키야(コトブキヤ, 壽屋)

- 애니메이션·만화·게임 관련 피규어 판매 숍

• 코토부키야 입구*

3) 아키하바라 게이머스(秋葉原ゲーマーズ)

- 전국적으로 매장이 있는 '게이머스' 본점이 있는 곳으로 8층까지 있으며 애니메이션 및 게임 등 다양한 상품이 있음
- 내부에 박물관이 있어 애니메이션 원화 전시나 이벤트 등을 관람할 수 있음

• 아키하바라 게이머스 본점 입구*

20. 요코하마 차이나타운

아시아에서 가장 큰 차이나타운

- 横浜中華街. 1859년 요코하마 항만이 개설되면서 조성된 차이나타운으로 아시아에서 가장 큰 차이나타운이며 세계에서 가장 큰 차이나타운 중 하나
- 약 3,000~4,000명의 중국인들이 거주하고 있으며 1972년 중국과의 외교관계 수립을 통하여 관심이 커지며 요코하마의 주요 관광지로 발돋움함
- 광둥, 상하이, 쓰촨, 베이징 등 4대 중화요리를 먹을 수 있는 식당들이 많으며 차이나타운 입구에는 '파이로우(牌楼)'라 불리는 문이 설치되어 있으며 각 수호신이 디자인되어 있는 것이 특징

• 차이나타운 입구와 파이로우

• 요코하마 차이나타운

• 요코하마 차이나타운 신사*

6

기타 자료

1. 세계 주요 도시별 면적·인구 현황(2023년 기준)

도시	면적(km^2)	인구(명)	인구밀도(명/km^2)
뉴욕	789.4	8,258,035	10,461
런던	1,579	8,982,256	5,689
파리	105.4	2,102,650	19,949
도쿄	2,194	13,988,129	6,376
베를린	891	3,769,495	4,231
함부르크	755	1,910,160	2,530
서울	605.2	9,919,900	16,397
암스테르담	219.3	821,752	3,747
로테르담	319.4	655,468	2,052
샌프란시스코	121.5	808,437	6,654
밀라노	181.8	1,371,498	7,544
베네치아	414.6	258,051	622

2. 세계 초고층 빌딩 현황

순위	건물 명칭	도시	국가	높이(m)	층수	착공	완공(예정)	상태
1	부르 즈 칼리파	두바이	사우디 아라비아	828	163	2004	2010	완공
2	메르데카 118	쿠알라 룸푸르	말레이시아	680	118	2014	2023	완공
3	상하이 타워	상하이	중국	632	128	2009	2015	완공
4	메카 로얄 시계탑	메카	사우디 아라비아	601	120	2002	2012	완공
5	핑안 금융 센터	심천	중국	599	115	2010	2017	완공

순위	건물 명칭	도시	국가	높이 (m)	층수	착공	완공 (예정)	상태
6	버즈 빙하티 제이콥 앤 코 레지던스	두바이	사우디 아라비아	595	105		2026	건설중
7	롯데월드타워	서울	한국	556	123	2009	2016	**완공**
8	원 월드 트레이드 센터	뉴욕	미국	541	94	2006	2014	**완공**
9	광저우 CTF 파이낸스 센터	광저우	중국	530	111	2010	2016	**완공**
10	톈진 CTF 파이낸스 센터	톈진	중국	530	97	2013	2019	**완공**
11	CITIC 타워	베이징	중국	527	109	2013	2018	**완공**
12	식스 센스 레지던스	두바이	사우디 아라비아	517	125	2024	2028	건설중
13	타이베이 101	타이베이	중국	508	101	1999	2004	**완공**
14	중국 국제 실크로드 센터	시안	중국	498	101	2017	2019	**완공**
15	상하이 세계 금융 센터	상하이	중국	492	101	1997	2008	**완공**
16	톈푸 센터	청두	중국	488	95	2022	2026	건설중
17	리자오 센터	리자오	중국	485	94	2023	2028	건설중
18	국제상업센터	홍콩	중국	484	108	2002	2010	**완공**
19	노스 번드 타워	상하이	중국	480	97	2023	2030	건설중
20	우한 그린랜드 센터	우한	중국	475	101	2012	2023	**완공**
21	토레 라이즈	몬테레이	멕시코	475	88	2023	2026	건설중
22	우한 CTF 파이낸스 센터	우한	중국	475	84	2022	2029	건설중
23	센트럴파크 타워	뉴욕	미국	472	98	2014	2020	**완공**
24	라크타 센터	세인트 피터스버그	러시아	462	87	2012	2019	**완공**
25	빈컴 랜드마크 81	호치민	베트남	461	81	2015	2018	**완공**

3. 세계 주요 도시의 공원

번호	도시, 국가	공원 이름	면적(km²)	설립 연도
1	런던, 영국	리치먼드 공원(Richmond Park)	9.55	1625
2	파리, 프랑스	부아 드 불로뉴(Bois de Boulogne)	8.45	1855
3	더블린, 아일랜드	피닉스 공원(Phoenix Park)	7.07	1662
4	멕시코시티, 멕시코	차풀테펙 공원(Bosque de Chapultepec)	6.86	1863
5	샌디에이고, 미국	발보아 파크(Balboa Park)	4.9	1868
6	샌프란시스코, 미국	골든게이트 공원(Golden Gate Park)	4.12	1871
7	밴쿠버, 캐나다	스탠리 파크(Stanley Park)	4.05	1888
8	뮌헨, 독일	엥글리셔 가르텐(Englischer Garten)	3.70	1789
9	베를린, 독일	템펠호퍼 펠트(Tempelhofer feld)	3.55	2010
10	뉴욕, 미국	센트럴 파크(Central Park)	3.41	1857
11	베를린, 독일	티어가르텐(Tiergarten)	2.10	1527
12	로테르담, 네덜란드	크랄링세 보스(Kralingse Bos)	2.00	1773
13	런던, 영국	하이드 파크(Hyde Park)	1.42	1637
14	방콕, 태국	룸피니 공원(Lumpini Park)	0.57	1925
15	글래스고, 영국	글래스고 그린 공원(Glasgow Green)	0.55	15세기
16	도쿄, 일본	우에노 공원(Ueno Park)	0.53	1924
17	암스테르담, 네덜란드	폰덜 파크(Vondel park)	0.45	1865
18	함부르크, 독일	플란텐 운 블로멘(Planten un Blomen)	0.47	1930
19	로테르담, 네덜란드	헷 파크(Het Park)	0.28	1852
20	도쿄, 일본	하마리큐 공원(Hamarikyu Gardens)	0.25	1946
21	에든버러, 영국	미도우 공원(The Meadows)	0.25	1700년대
22	바르셀로나, 스페인	구엘 공원(Park Güell)	0.17	1926
23	밀라노, 이탈리아	몬타넬리 공공 공원 (Giardini pubblici Indro Montanelli)	0.17	1784
24	파리, 프랑스	베르시 공원(Parc de Bercy)	0.14	1995
25	서울, 한국	여의도 공원(Yeouido Park)	0.23	1972
26	서울, 한국	서울숲(Seoul Forest)	0.12	2005